给建筑师的思想家读本

建筑师解读 伽达默尔

[美] 保罗·基德尔　著

王　挺　译

中国建筑工业出版社

著作权合同登记图字：01-2017-2109 号

图书在版编目（CIP）数据

建筑师解读伽达默尔 /（美）基德尔著；王挺译 . —北京：中国建筑工业出版社，2018.3
（给建筑师的思想家读本）
ISBN 978-7-112-21489-1

Ⅰ . ①建… Ⅱ . ①基…②王… Ⅲ . ①伽达默尔（Gadamer，Hans-Georg 1900-2002）—建筑哲学—思想评论 Ⅳ . ① TU-021 ② B516.59

中国版本图书馆 CIP 数据核字（2017）第 272911 号

责任编辑：李　婧　戚琳琳　董苏华
责任校对：王宇枢

给建筑师的思想家读本
建筑师解读 伽达默尔
[美] 保罗·基德尔　著

王　挺　译
*
中国建筑工业出版社出版、发行（北京海淀三里河路9号）
各地新华书店、建筑书店经销
北京京点图文设计有限公司制版
北京建筑工业印刷厂印刷
*
开本：880×1230 毫米　1/32　印张：5⅜　字数：129 千字
2018 年 2 月第一版　2018 年 2 月第一次印刷
定价：25.00 元
ISBN 978-7-112-21489-1
（31157）

版权所有　翻印必究
如有印装质量问题，可寄本社退换
（邮政编码 100037）

献给波莱特（Paulette）

目 录

丛书编者按

亚当·沙尔（Adam Sharr）

  建筑师通常会从哲学界和理论界的思想家那里寻找设计思想或作品批评机制。然而对于建筑师和建筑专业的学生而言，在这些思想家的著作中进行这样的寻找并非易事。对原典的语境不甚了了而贸然阅读，很可能会使人茫然不知所措，而已有的导读性著作又极少详细探讨这些原典中与建筑有关的内容。而这套新颖的丛书则以明晰、快速和准确地介绍那些曾讨论过建筑的重要思想家为目的，其中每本针对一位思想家在建筑方面的相关著述进行总结。丛书旨在阐明思想家的建筑观点在其全部研究成果中的位置、解释相关术语以及为延伸阅读提供快速可查的指引。如果你觉得关于建筑的哲学和理论著作很难读，或仅是不知从何处开始读，那么本丛书将是你的必备指南。

  "给建筑师的思想家读本"丛书的内容以建筑学为出发点，试图采用建筑学的解读方法，并以建筑专业读者为对象介绍各位思想家。每位思想家均有其与众不同的独特气质，于是丛书中每本的架构也相应地围绕着这种气质来进行组织。由于所探讨的均为杰出的思想家，因此所有此类简短的导读均只能涉及他们作品的一小部分，且丛书中每本的作者——均为建筑师和建筑批评家——各集中仅探讨一位在他们看来对于建筑设计与诠释意义最为重大的思想家，因此疏漏不可避免。关于每一位思想家，本丛书仅提供入门指引，并不盖棺论定，而我们希望这样能够鼓励进一步的阅读，也即激发读者的兴趣，去深入研究这些思想家的原典。

"给建筑师的思想家读本"丛书已被证明是极为成功的，探讨了多位人们耳熟能详，且对建筑设计、批评和评论产生了重要和独特影响的文化名人，他们分别是吉尔·德勒兹[①]、菲利克斯·迦塔利[②]、马丁·海德格尔[③]、露丝·伊里加雷[④]、霍米·巴巴[⑤]、莫里斯·梅洛-庞蒂[⑥]、沃尔特·本雅明[⑦]和皮埃尔·布迪厄。目前本丛书仍在扩充之中，将会更广泛地涉及为建筑师所关注的众多当代思想家。

亚当·沙尔目前是英国卡迪夫大学威尔士建筑学院（Welsh School of Architecture，Cardiff University）的高级讲师、亚当·沙尔建筑事务所（Adam Sharr Architects）首席建筑师，并与理查德·维斯顿（Richard Weston）共

[①] 吉尔·德勒兹（Gilles Deleuze，1925—1995 年），法国著名哲学家、形而上主义者，其研究在哲学、文学、电影及艺术领域均产生了深远影响。——译者注

[②] 菲利克斯·瓜塔里（Félix Guattari，1930—1992 年），法国精神治疗师、哲学家、符号学家，是精神分裂分析（schizoanalysis）和生态智慧（Ecosophy）理论的开创人。——译者注

[③] 马丁·海德格尔（Martin Heidegger，1889—1976 年），德国著名哲学家，存在主义现象学（Existential Phenomenology）和解释哲学（Philosophical Hermeneutics）的代表人物。被广泛认为是欧洲最有影响力的哲学家之一。——译者注

[④] 露丝·伊里加雷（Luce Irigaray，1930 年—），比利时裔法国著名女权运动家、哲学家、语言学家、心理语言学家、精神分析学家、社会学家、文化理论家。——译者注

[⑤] 霍米·巴巴（Homi，K. Bhabha，1949 年—），美国著名文化理论家，现任哈佛大学英美语言文学教授及人文学科研究中心（Humanities Center）主任，其主要研究方向为后殖民主义。——译者注

[⑥] 莫里斯·梅洛-庞蒂（Maurice Merleau-Ponty，1908—1961 年），法国著名现象学家，其著作涉及认知、艺术和政治等领域。——译者注

[⑦] 沃尔特·本雅明（Walter Benjamin，1892—1940 年），德国著名哲学家、文化批评家，属于法兰克福学派。——译者注

同担任剑桥大学出版社（Cambridge University Press）出版发行的专业期刊《建筑研究季刊》（Architectural Research Quarterly）的总编。他的著作有《海德格尔的小屋》（Heidegger's Hut）（MIT Press，2006年）和《建筑师解读海德格尔》（Heidegger for Architects）（Routledge，2007年）。此外，他还是《失控的质量：建筑测量标准》（Quality out of Control：Standards for Measuring Architecture）（Routledge，2010年）和《原始性：建筑原创性的问题》（Primitive：Original Matters in Architecture）（Routledge，2006年）二书的主编之一。

致谢

这本书的最初想法来自2011年我在波士顿大学参加的一次名为"建筑 + 哲学"的会议。感谢布赖恩·诺伍德（Bryan Norwood）、伊丽莎白·鲁滨逊（Elizabeth Robinson）、丹尼尔·达尔斯特伦（Daniel Dahlstrom）以及其他会议组织者，他们让我有机会分享和发展呈现于本书中的思想。感谢本系列丛书的编辑亚当·沙尔（Adam Sharr），以及 Routledge 出版社的编辑们与审稿人，包括劳拉·威廉松（Laura Williamson）、乔治娜·约翰逊（Georgina Johnson）、弗兰切斯卡·福特（Francesca Ford），他们在本项目的每一步都给予了支持。感谢众多教师、同事和朋友，包括理查德·科布－史蒂文斯（Richard Cobb-Stevens）、查尔斯·劳伦斯（Charles Lawrence）、弗雷德里克·劳伦斯（Frederick Lawrence）、托马斯·麦克帕特兰（Thomas McPartland）、Fr·威廉·理查森牧师（Fr. William Richardson）以及詹姆斯·利塞尔（James Risser），多年来，他们鼓舞、支持、指引、溺宠了我对建筑学、阐释学或者二者兼而有之的兴趣。很久以前，已故的 Fr·约瑟夫·弗拉纳根牧师（Fr. Joseph Flanagan）向我坦言，坚持认为我应该做建筑哲学领域的研究，本书可谓他当时坚持的结果。这本书的成果还要归功于伽达默尔教授无比的耐心，那些年，他对迷茫于众多思想中的年轻学子向他提出的大量问题的耐心。我还要深深地感谢格伦·休斯（Glenn Hughes），他在我成年后的大部分时间里，是我的重要导师，我们一起谈论哲学、诗歌和艺术方面的问题。本书准备期间，受到西雅图大学艺术与科学学院专科发展计划的支持，以及院长华莱士·洛（Wallace Loh）、戴维·鲍尔斯（David Powers）的支持，还有来自哲学系与该系伯特·霍普金斯（Burt Hopkins）教授的支持，以及笔者家人的鼓励。我还将饱含激情地将此书献给波莱特·基德尔（Paulette Kidder），她也是一位研究伽达默尔的学者，是我生活的伴侣和工作的挚友。

图表说明

　　小屋，位于马恩岛（Isle of Man）皮尔镇（Peel）附近的 Niarbyl 村落。照片来自戴维·J·拉德克利夫（David J. Radcliffe）。

　　弗兰克·盖里（Frank Gehry），迪士尼音乐厅（Walt Disney Concert Hall），位于洛杉矶。照片来自保罗·基德尔（Paul Kidder）。

　　弗兰克·盖里，雷与玛利亚史塔特科技中心（Ray and Maria Stata Center），位于美国马萨诸塞州剑桥麻省理工学院。照片来自保罗·基德尔。

　　阿道夫·路斯（Adolf Loos），"路斯楼"（Looshaus），位于维也纳圣米歇尔广场。照片来自安德烈亚斯·普雷夫克（Andreas Praefcke）。

　　H·H·理查森（H.H.Richardson），三一教堂（Trinity Church）；贝聿铭（I.M.Pei）及其合伙人建筑事务所的亨利·N·科布（Henry N.Cobb），约翰·汉考克大厦（John Hancock Tower）。位于波士顿。照片来自保罗·基德尔。

　　迈克尔·格雷夫斯（Michael Graves），波特兰市政厅（Portland building），位于俄勒冈州波特兰市（Portland）。照片来自保罗·基德尔。

　　斯蒂文·霍尔（Steven Holl），圣依纳爵小教堂（Chapel of St. Ignatius），位于西雅图。照片来自保罗·基德尔。

　　波士顿北区。照片来自保罗·基德尔。

　　乡村工作室（Rural Studio），布赖恩特"干草捆"住宅（Bryant "Hay bale" house），位于亚拉巴马州黑尔县（Hale）Mason's Bend 社区。照片来自柯比·戴维斯（Kirby Davis）。

导言

　　汉斯 -格奥尔格·伽达默尔（Hans-Georg Gadamer）
是 20 世纪欧洲最杰出的思想家之一。他的哲学首先致力于
寻找思想与体验最普遍的模式，也就是当人们努力理解这个
世界以及彼此，当人们解释文本或者其他表意形式，当人们
将艺术或自然视为迷人、愉快和有意义的东西来体验的时候，
思想与体验所具有的最普遍的模式。伽达默尔得出的这个模
式贯穿于所有这些形式的经历中，他把这种经历称之为"阐释"
的经历所有这些体验形式中，他将他的哲学描述为具有"哲
学阐释学"的特点。今天，很多研究领域的理论家都采用"阐
释"方法进行学科研究，其中的大多数例子中，伽达默尔的
影响清晰可辨。

　　虽然伽达默尔专门针对建筑的文字不多，但他在艺术和
美学方面却写下了大量的文字，这些文字在他整体的哲学纲
要中占有核心的地位。正因如此，几十年来，他的思想对不
同的建筑师及建筑理论家都具有影响力。建筑学的阐释学方
法揭示的是在建筑行业的某些领域内，人的思维与体验是如
何被阐释的。这一方法可以体现在建筑师的创造行为中，以
及对建筑作品的美学欣赏中；可以体现在建筑师是如何力图理
解建筑传统和建筑专著的；可以体现在建筑行业内人们是如何
互相了解对方并协同工作的，包括业主、社区、开发商、管
理者和设计者。值得注意的一点是，伽达默尔或许认为，阐
释的方式对于所有这些方面，都不可避免地产生了作用。不
管我们想不想，它都发生了。但通过明白并承认阐释方式在

起作用，我们可以试着有意识地去追寻它为我们开创的道路。

2 "阐释学"与"阐释"

"Hermeneutics"（阐释学）这个词的词根很古老，意指解释的行为。早在柏拉图和亚里士多德的哲学中，以及在古代修辞学家的文字中，就出现了这样的问题：人们相互间是如何理解、误解对方的，以及当作者不在场、不能通过对话加以询问的情况下，写下来的文字是如何被解读的。在18、19世纪的欧洲，"阐释学"成为法学、神学、修辞学下面一个重要的子领域。这些学科的理论家试图形成一套严格的标准与技术手段，来决定如何将以前写下来的文字运用到当下的环境中。比如，宗教经文和法律条文可能形成于迥异的时代，然而它们却想要解读者在今生靠它们来生活。这类文档并不只是具有历史的价值，还对读者提出了现实的要求。因此，在这些学科里的阐释工作总是将理解与实践中的决策和行动联系起来（Gadamer，1990b，324-334）。

伽达默尔主张，在解释任何文本，甚至在试图理解他人或者他种文化的情况下，传统阐释学都会把获取知识和实践运用结合起来，这一特点必定在起着作用。他认为在理解这一行为上，阐释学具有通用的尺度（1976，3-17）。建筑就像文本，某种程度上就是文化信息的载体。达利博尔·韦塞利（Dalibor Vesely）[①] 曾经以一种戏剧化的方式说过，"书本对于素养""总体上说就像建筑对于文化"（Vesely 2004，8）。如果每当解读一个建筑作品时，一种不可避免的理解模式就会发生，难道建筑师不应该去了解这种模式是如何展现的吗？

---

① 出生于捷克的建筑史学家、理论家，他促进了阐释学、现象学在建筑理论和建筑设计中的作用。——译者注

如果建筑本身解释着一种文化，难道不会有助于建筑师去检视建筑是如何形成这种解释的吗？如果历史的建筑就像昔日的书籍，对今天仍然具有连续的相关性，难道建筑师不应该思考关联性是如何达到的吗？**无论是研究文本还是研究与建筑相关的内容，阐释学都有可能从根本上改变人们思考解释行为、理解行为和文化交流行为的方式。**

伽达默尔想要说明的阐释学方法，一度被称为"阐释学循环"①。这个想法并非源于伽达默尔。早在 19 世纪的阐释学（伽达默尔称之为"浪漫主义阐释学"）当中，就已经有一种意识，认为文本解释必须置于一个循环中去。这个循环的特点通常在于局部与整体的关系方面：要理解一本书的全部，就必须抓住单个词句的意思，但这些词句只有在该书更大的语境中才具有意义。因此解释行为是不断修正的：局部阅读时修正对整体的理解，整体意义产生时又修正对局部的理解。这样，阐释学循环并不是循环论证，而是一个累进而富有成效的过程（1988, 68-78; 1990b, P190-191）。

在这种情形下，让阐释学循环行之有效的还有另一种更巧妙的方法。哲学家、神学家奥古斯丁②（Augustine, 354-430）在解释应该怎样学习圣经时，曾推荐先解读那些明晰易懂的段落，然后根据易懂的段落，继续理解晦涩难懂的段落（Augustine, 1958, 42-43）。但是浪漫主义阐释学的践行者们明白，能够让一段文字在读者面前变得清晰明了的，不太可能是文字本身固有的易懂性，而只是读者对该文字的一类假设而已。此外，因为这段文字看上去很明晰，读者可能会较少地对假设提出质问。因此，根据这样的见解，阐释学

---

① 也有人称之为"解释（学）循环"等。——译者注
② 圣奥古斯丁是古罗马帝国时期天主教思想家，欧洲中世纪天主教神学、教父哲学的重要代表人物。——译者注

循环必定是带着假设开始的，但随着文字理解的加深，应该修正这些假设。以这种方式阅读，读者一开始出于不了解与偏见，会形成一定的错误解释，但最终会完全读懂（Gadamer 1990b，179-180; Schleiermacher，1998）。

伽达默尔的重要哲学著作取名为《真理与方法》。书名中第一个词有意暗示了只要寻求真理就会涉及阐释学的方法。这里，伽达默尔特意呼应了柏拉图。柏拉图用"辩证法"一词来指称苏格拉底研究的一般方式，即质问常识性的假设，探寻术语永恒的定义，思考解释的前提，阐明论据，对提出的异议进行思考、反驳或据此修正理论。辩证法可以用在任何议题或主题上，无论该议题是自然的、道德的、政治的、宗教的或者艺术的。它可以用在朋友间友好的讨论中，也可以用于私隐的个人反思中（Gadamer 1980，93-123; 1990b，362-369）。柏拉图声称辩证是普适的，伽达默尔也为他的阐释方法提倡同样的普适性。为了说明这个论点，伽达默尔有时建议删除"阐释学"英文单词"hermeneutics"最后的那个字母"s"，表示"阐释的"（hermeneutic），就像"辩证的"（dialectic）去掉了"辩证法"（dialectics）后面的"s"一样，具有综合、普遍的意义，"阐释的"（hermeneutic）与"辩证的"（dialectic）相当。

另一方面，书名中"方法"一词，指的是比阐释或辩证更加现代、范围更为狭隘的东西。今天普遍使用的"方法"，其观念源于 18 世纪的启蒙运动时期，当时的思想家们试图将理性与自然科学的调查方法联系起来。在这种情况下，一个"方法"就等于一组有限的问题、一组范围有限的、要查阅的证据，以及一个严格遵循的经验步骤。比方说，以牛顿力学来看一组桌球的相互作用，讨论仅限于球的滚动和导致球滚动的物理学问题；证据可以是球与球之间可观察到的相互作用；步骤涉及一个球对另一个球的某种碰撞隔离实验。对于操纵球杆的人的兴趣，以及他们所参与的游戏的大致情况，则只字未提。对于桌球运动的基本意思或者这一游戏的意义，也从未考虑。

这种狭隘的研究方式在自然科学有限的研究范围内具有 5不可估量的意义。然而问题是，启蒙运动文化将这种理性的方式提升到最重要的位置，而贬低其他方式。至此开始的几个世纪中，争取要成为"科学"的学科数量不断增多，于是听到自然科学声称自己才是正规的理性形式，也就不足为奇了。与之相反，伽达默尔则反对这种理性典范所具有的所有狭隘化。对于大部分人类历史而言，一直以来都有一种信念，认为艺术和人文推动了理性的关键形式，这些形式使我们得到开化，解释了我们的伦理、法律和政府制度。贬低或者丢弃这些理性的形式，就等于冒天下之大不韪，让这个社会变得非人性化。正因为如此，哲学阐释学旨在以当代的方式，恢复一种更普遍、适用面更广的理性观念及其运用。**伽达默尔的书名所暗示的寻找真理，一定程度上说，与这种关于方法的思想紧密相关**（1984c，151-169；1990b，3-9）。

哲学阐释学与建筑的目标

韦塞利说，建筑之于文化，就像书本之于素养。建筑在文化上的这种意义，正是它将广大学生吸引到该领域的原因之一。学生们意识到，建筑不只是有意思、能让人愉悦，而且对生活来说也十分重要。建筑能够以它自己的方式，丰富一个社会，表达这个社会的意义。意义是能让建筑与哲学紧密相关的一种东西，但人们不一定要成为哲学学生或建筑学学生，就能或多或少地明白一件事，那就是建筑携带了人的意义，

一种深刻的意义。每年都有无数的游客乘上飞机，惊叹世上
伟大的建筑、园林和城市。在游览宫殿、庙宇和金字塔的时候，
他们感到邂逅的不仅仅是艺术的作品，而且还是来自一个民
族最深处的文化气息的表达。伟大的建筑总是将多种意义与
意图复合在单个作品的创作中，并且以一种令人惊叹的方式
做到这一点。

但是建筑是怎样实现这一点的？建筑在经历了历史上风
格、技术、材料的变化，又是如何保持一直做到这一点的？
这些问题把我们卷入到了这个领域一系列复杂的议题中。我
们且简单地通过确定四个基本疑问来代表这些议题的讨论。第
一个疑问涉及功能问题。建筑必须是功能性的，但它又不能
简单化为功能性。人们可能用"极好"来形容厨房设备，甚
至可以说它是"实用性与设计的完美结合"，但是对于一个房
子，即使它是"居住的机器"，如果只在类似于设备好坏的层
面看上去是好的，那它也是令人失望的。一个房子还应该具
有表达性。这不是说房子应该是纪念碑式的，或者明显表现
什么。一个简单的结构可以具有强烈的表达性；一个抽象的风
格可以富含表意性。而建筑师则是在一定预算限制内，满足
当代功能需求的条件下，面对挑战，让构筑物富有意义，或
者让它与表意的建筑传统相关联。

第二，建筑当然是一门艺术，但它的文化价值不仅仅是
美学方面的。对于人类的大部分历史而言，这一点应该是相
当明显的。一个哥特式的拱，将石头塑造成优美的、令人激
动的形式，它的美离不开支撑屋顶的结构功能，同时也离不
开它所表达的象征意义——指向天堂，让厚重的石头仿佛升
腾进入了空气。所有这些品质完全是相互交织在一起的。而
许多研究建筑历史的作者（尤其是熟悉伽达默尔的一些作者）
认为，巴洛克之后的趋势便是将美学尺度从结构基础中脱离

出来。建筑作品的美、建筑愉悦感官的方法，最终与装饰结合在一起，结构仅仅成了装饰的脚手架。伽达默尔在《真理与方法》的第一部分说明了这种变弱的美学观念是如何最终占领艺术评论和艺术哲学这两个领域的。伽达默尔认为，这种趋势代表了人们对于艺术和建筑所具有的力量和重要性在感受上的降低。卡斯滕·哈里斯（karsten Harries）和阿尔韦托·佩雷斯-戈麦斯（Alberto Pérez-Gómez）吸取了马丁·海德格尔（Martin Heidegger）及欧洲哲学传统中其他人的思想，根据建筑对一种文化氛围的体现能力来研究问题。似乎建筑感官品质上的美化，削弱了它实现"伦理"功能的能力（Harries 1997; Pérez-Gómez 2008, ch. 9; Sharr 2007, 101-103）。类似地，韦塞利也讲到了要从建筑的技术支持中区分出建筑表达，这对当代建筑师来说是个难题，他号召需要新的融合（2004, chs. 4 and 5; Sharr 2007, 103-104）。

现代建筑师阿道夫·路斯（Adolf Loos）、沃尔特·格罗皮乌斯（Walter Gropius）、密斯·凡·德·罗（Mies van der Rohe）、勒·柯布西耶（Le Corbusier）以及路易斯·康（Louis Kahn）等，他们的创新代表了对建筑进行再次融合的大胆尝试，他们斥责多余的装饰，力图从新材料与工程原理的可能性中描绘人类社会完全现代的、富有意义的蓝图。但要实现这个现代主义的梦想却并不是完全一帆风顺的，它遇到了来自多方面的强烈冲击，包括社会工程学对它的指控、对历史保护的要求以及"后"现代主义各种形式的涌现。公平地说，**如何让美学与建筑中除美学外的其他重要方面得到十分有效的融合，这个问题至今犹存。**

第三个疑惑与建筑的象征功能相关。当我们说到或听到建筑的"意义"，比方说克里斯蒂安·诺伯格-舒尔茨（Christian

Norberg-Schulz）在他的经典著作《西方建筑的意义》（Meaning in Western Architecture, 1975）里所提到的那样，"意义"这个词想要表达的，首先是建筑作品的象征部分。最原始的结构可以拥有强而有力的象征表达。巨型独石或者石圈可能采用了最初级的建造技术，但是它们与星宿对齐，追踪季节变化；似乎与宇宙的整体结合在了一起。又例如很多本土建筑和传统建筑，它们与环境融为一体，其方法是采用地方所能提供的材料，使这样的住宅能够适应地形、光和地域的气候环境（图1）。在与景观融合的同时，人类的构筑物通过象征，表达了人类生活如何从自然中脱颖而出，以此补充了自然景观。例如巨石和高塔矗立于地表，指向天空，宣布人类从矿石地表、动植物的世界中脱颖而出。再举一个简单的例子，城市的大门、住宅的门槛，它们将各种公共空间与社区、家庭、个人心灵的内部分隔开来（cf. Norberg-Schulz 1979; 1985）。

图1 小屋，位于马恩岛皮尔镇附近的 Niarbyl 海湾

有无数这类象征手法可以被细细道来，但这其中伴随了一大堆的问题。有人会问，象征到底意味着什么？象征的手法如何表达意义？在各类研究象征主义的学者中，心理学家、哲学家、神学家、人类学家、历史学家，谁最有资格解释建筑的象征意义？具有象征意义的建筑，其形式必须是描述性的吗？它们属于叙事艺术吗？如果是，这是否意味着越抽象的建筑，就越不是象征性建筑？有些建筑师，他们在从事的工作中从未思考过象征性，他们又怎么办？他们的工作摆脱象征主义了，还是他们仍然用建筑象征着什么，只是他们自己不这么认为？

第四点，我一直描述的所有这些特征——功能性、艺术性、象征性，它们都是在历史与传统中被塑造出来的。"传统"的建筑形式可以直接表达这样一个事实，那就是营造上的方法和风格上的口味都是被当作一种传统遗产，而被保留下来、传承下去的。但就现代主义想要突破以往的极限来说，它提出了新的问题：现代主义风格应该如何与过去的风格相关联。现代主义的性质不是简单地为一个新时代发明新的艺术规则，而是要不断地保持革新。一名先锋将不断地对每件事物进行再创造。今天最著名的建筑师都迫于再创造的压力，抵制重复，甚至像毕加索常常做到的那样，抵制自己以前创造出的东西。然而与此同时，也有一些人认为，跳出历史、打造全新的时代或全新的人文性，是一种可悲的、天真的想法。**我们要说的是，历史具有一种压倒性的力量，这种力量超过了我们想要征服它的力量，如果要从整体上拒绝我们的起源，那就等于疏远我们自己，让我们无家可归。**这就是历史给我们的困局，每个建筑师都必然处在这一困局之中，而采取自己的立场。

伽达默尔的阐释学关系到上述全部的四个领域——对建筑来说充满了疑问与挑战的领域。他努力恢复具有合理性的想法。他要恢复的想法比起实证、技术的理性，意义更广，与后者相对应的恢复行为，在建筑理论界便是努力抵制将建筑的重要性简化为实用功能。伽达默尔在《真理与方法》第一章发展出"游戏"的概念，其独特的理解最终导向：将艺术行为与形成意义的其他方法融合起来，特别是对真理的追求。在伽达默尔的很多著作中，他都十分关注在非语言的艺术形式中象征主义的独特性质。最终，他的哲学将大量的关注投向了：在当代艺术与文化的展示过程中，历史与传统的角色问题。

欧洲思想背景下的伽达默尔

伽达默尔是一位具有德国哲学传统的思想家。人们经常说他继承了包括伊曼纽尔·康德（Immanuel Kant）、G·W·F·黑格尔（G. W.F. Hegel）、埃德蒙德·胡塞尔（Edmund Husserl）以及马丁·海德格尔在内的伟大思想家的遗产。伽达默尔常常假定他的读者也具有这样的传统。他坚持的文风是一种十足的德国写作方式，这种方式总是试图反映出对话式演讲的特性来。但对于英语读者，即使翻译得很好，这种文风还是有点令人却步。德语写作方式经常是"尾重"①的，即在句子和段落内加强分句和插句的要点，而将该段文字整体意义的表达往后推。伽达默尔采用这种文风，对那些不从事德国文学或德国哲学研究的读者来说特别具有困惑性。不过这个挑战并没有困住大量读者去研读《真理与方法》。在接下来的几章，我将集中讨论这本书里的一些重要观

---

① Periodic，意为尾重句的。对于英文的尾重，如 Without good study, you cannot make great progress. 正常语序为 You cannot make great progress without good study. ——译者注

点，希望能清楚地、直截了当地说明，为什么即便这本书很难读懂，非专业人士还是认为值得一读。我还将经常用到伽达默尔关于艺术与文化的一些短文，尤其是罗伯特·贝尔纳斯科尼（Robert Bernasconi）在一本名为《美的相关性》（The Relevance of the Beautiful，1986c）的英文卷中所收集的诸多短文。

在某种程度上，要领会伽达默尔就需要理解其他一些思想家，那些为伽达默尔框定了论题、指明了方向的思想家，但同样重要的是，伽达默尔与这些曾教导、启发过他的人之间保持了一定的距离，因为他从来都不是一个单纯的追随者。**伽达默尔甚至对于对他最有影响力的导师们，也保持了一种批判的对话关系**。这种批判的关系经常被人们所忽视，部分原因在于伽达默尔性格和蔼，即使表达完全反对的意见，他也习惯用恭敬、婉转、有时甚至是幽默的辞藻。

伽达默尔的一生实际上跨越了整个 20 世纪。1900 年，他出生于德国马尔堡（Marburg），青年时期在布雷斯劳（Breslau）① 度过。他的父亲是一位有造诣的药剂学教授，但又是一位有独权思想的家长，无法接受儿子迷上了人文与古代文献（Gadamer 1985，1-5；Grondin 2003，chs. 2-4）。1919 年，年轻的伽达默尔进入父亲不喜欢的马尔堡大学学习。对古代的哲学与文学的兴趣，将这位年轻人引向了学者保罗·弗里德伦德尔（Paul Friedländer）的门下，他是一位伟大的柏拉图思想论者。但伽达默尔最终彻底迷上了海德格尔对亚里士多德思想的解释，在这其中，伽达默尔看到的不仅是最优秀的思想家的严谨治学，还有他的洞察力。20 世纪 20 年代，伽达默尔以海德格尔学科助手的身份参与研究工

---

① 即波兰西部城市"Wrocław"，"Breslau"是其德语命名。——译者注

作。1929 年，在海德格尔与弗里德伦德尔的督导下，伽达默尔取得了特许任教资格（Gadamer 1985，7-10; Grondin，chs. 5-7）。但随着海德格尔在 20 世纪 30 年代加入纳粹党，伽达默尔的反应是认为"他疯了"（1992，10）。二战期间，伽达默尔在莱比锡（Leipzig）任教，他力图在一个噩梦般的年代里保持住这所大学的完整性。1946 年学校重新开放，他被任为校长。虽然他个人并不对苏联统治下经营好一所大学抱有乐观的态度，但在校长致辞中，他斥责了德国当时正显露出的疯狂（Gadamer 1985，93-115; 1992，15-21; Grondin 2003，chs. 11 and 12）。1949 年，他执教于海德堡大学（University of Heidelberg），他的名字今天经常与这所机构联系在一起。他的著作为全世界所知，这使他成了一个频繁的旅行者，甚至在从海德堡大学退休之后，还经常授课、做演讲，包括以客座教授的形式在美国波士顿学院（Boston College）定期授课（Grondin 2003，ch. 16）。

虽然伽达默尔在 20 世纪 30 年代后期通常与海德格尔保持一定的距离，但他出席海德格尔"艺术作品的起源"的讲座与他自己关于"艺术与历史"的授课，在主题上却不谋而合，他把"艺术与历史"的授课当作实验室，《真理与方法》关于艺术问题的讨论就是在此最初发展起来的（Gadamer 1997，47）。在伽达默尔许多十分重要的著作中，可以找到海德格尔晚期关于艺术与诗歌的思想的影响。虽然到 20 世纪 50 年代晚期以前，伽达默尔已经出版了不少的论文，创办了富有声望的期刊，但直到 1960 年《真理与方法》的出版，他才最终凭借自身而被认为是著名的哲学家。但他并未将此书作为事业的终结，又产出了大量关于阐释学的论文，并将这些论文收入《真理与方法》的第二卷（1986a）。

伽达默尔常被认为是海德格尔最优秀的学生。这个事实对于本书显得尤其重要，因为海德格尔关于建筑解释方面的论著对伽达默尔产生了巨大的影响。事实上，正是海德格尔想到了用阐释的循环来解释人类的存在。而且也正是海德格尔启发了伽达默尔，用阐释学的方法去研究艺术作品的真理问题（Sharr 2007；Heidegger 1971）。然而，伽达默尔与海德格尔之间存在大量观点上的分歧，也包括建筑方面的。读者应当明白，当我在采用例如卡斯滕·哈里斯、克里斯蒂安·诺伯格 –舒尔茨或者罗伯特·马格劳尔（Robert Mugerauer）（Mugerauer 1994；1995；2008）等学者观点的时候，我所选用的理论家都直接受到了海德格尔的影响，他们与伽达默尔之间的联系也基本上是以海德格尔为中介的。当我参考这些理论家的时候，我一直小心选择那些对伽达默尔具有同样影响的观点，谨记某些观点是伽达默尔出于他的品位并过于亲近地追随海德格尔思想而形成的。

　　海德格尔与伽达默尔还紧密地联系在他们共同的导师——哲学家胡塞尔的现象学哲学领域中。伽达默尔很欣赏胡塞尔。胡塞尔试图发展出一种哲学，能克服自然科学方法运用于人类经验的研究时所具有的某些狭隘性，并将哲学引向他所谓的"生活世界"[①]的整体中去。因为这个原因，可以将伽达默尔与建筑现象学的方法联系在一起。不过很难称伽达默尔就是一位"现象主义者"，因为他为这个思想运动所引入的观点与胡塞尔的太不相同了。由于伽达默尔的主要贡献是"哲学阐释学"，他的方法有时被称为"阐释现象学"。

　　伽达默尔的著作无处不体现哲学家柏拉图和亚里士多德的影响，但不能依据"柏拉图思想者"或"亚里士多德思想者"这些标签所指的常规意义来称呼他。从弗里德伦德尔那里，

[①] Life world，生活世界，见刘放桐等编著，《现代西方哲学》，北京：人民出版社，1981：560。——译者注

伽达默尔学会了柏拉图的一种解释方式，这种方式坚信：如果一个人忽略柏拉图对话中戏剧与文学的品质，就不能理解《柏拉图对话录》。从根本上说，柏拉图的作品不是经文学表达方式修饰的一系列教条学说，而是试图记录那些在日常对话中自然呈现的哲学提问过程（Grondin 2003，120-121）。伽达默尔对柏拉图著作的关注，最重要的是柏拉图追随苏格拉底的精神（柏拉图的导师、不倦的提问者），去寻找自己的主导问题，以及对这些问题进行追问。当然，柏拉图的兴趣在于现实中的形式结构与数学结构，这点经常被认为是他与建筑最为密切之处，但柏拉图思想中的苏格拉底精神将他的兴趣与研究问题融合为一体，这些问题涉及很广，包括艺术、生活、道德和宗教，它们同样与建筑有密切的关系。在亚里士多德的道德与实践的哲学中，伽达默尔看到苏格拉底思想的延续，即哲学提问与实践生活相关，无论提出的哲学问题是在手工艺行业中，还是在公民的政治生活中（1984c 88-138；1990b，312-324）。亚里士多德的这种品质对伽达默尔的影响，使得伽达默尔思想与建筑行业的实践相互关联。**亚里士多德思想有时能够以一种出人意料的方式，帮助理解今天实践者的协同工作。**

　　伽达默尔对德国历史传统的专注，尤其是对黑格尔、F·W·J·谢林（F. W. J. Schelling）、威廉·狄尔泰（Willhelm Dilthey）[①] 等人著作的关注，帮助他系统地提出了关于历史的性质问题，这些问题成为了哲学阐释学的核心。当我们看到人类历史存在如此多的文化差异，我们还能说人类生活存在着普遍真理吗？例如正义、真理和人生目标的普遍标准。对这个问题，黑格尔有一个回答。他相信思想随着历史发展而

---

① 有人将狄尔泰的思想归为一种历史主义的阐释学，具有客观主义的特点，归入阐释学发展的第二阶段。——译者注

来，但历史的呈现有一套逻辑。但"历史主义"学派的思想家并不那么看重历史的普遍性。在众多关于历史、史学的属性所持有的复杂立场中，伽达默尔开创了一条独一无二的道路，这或许是伽达默尔思想对于哲学这个领域最被认可的贡献（1990b，218-231）。伽达默尔认为黑格尔的方法太过理论，而历史主义方法又不能解释历史对今天的人是如何有用的，伽达默尔的阐释学在如何区分历史的一般性与特殊性方面，提供了一种独特的见解。

伽达默尔反对黑格尔所认为的历史发展存在一套逻辑，这种的观点呼应了某些 19 世纪的思想家，如克尔恺郭尔（Kierkegaard）与尼采（Nietzsche）。克尔恺郭尔认为，¹⁵人类的存在可能没有逻辑，尼采则宣称，理性思维总是削弱生活的丰富性（Kierkegaard 1992，118-125；Nietzsche 2006，114-123，456-485）。可以看到，这些观点都早于伽达默尔对自然科学世界观形式主义的反对。但是伽达默尔的哲学动机也与克尔恺郭尔的观点很不相同，并且他认为尼采抛弃理性思维太过激进，不能有效地与哲学传统相契合。虽然伽达默尔因此比他的导师海德格尔更加远离尼采思想，但对于如何能让阐释学与后结构主义哲学相互兼容，很多伽达默尔学者都表示出兴趣，而后结构主义哲学从尼采思想中汲取了大量的营养，尤其是雅克·德里达（Jaques Derrida）的解构主义哲学。因为这个原因（以及因为后结构主义思想对建筑产生了巨大影响），我们有必要考虑某些后结构主义观点与哲学阐释学观点之间的关系。

本书的内容框架

在第 1 章中，我已经介绍了伽达默尔的基本哲学方向，采用了明晰易懂的论述路线，以便详述他的哲学中心思想，并将这些思想与建筑领域联系起来。在第2章中，我将专注于"游戏"观念，这对伽达默尔的美学思想来说十分重要，也因此成为建筑学阐释方法的中心。第3章将进一步讨论《真理与方法》中最为人熟知的部分，专注于阐释意识和历史解读，我将根据建筑与传统的关系来讨论这些内容。第4章考察的问题是阐释学与自然科学的关系，包括自然科学的方法以及这些方法对人类文化研究的影响。这个著名的哲学问题是伽达默尔与同事于尔根·哈贝马斯（Jürgen Habermas）交流了数十年的课题，韦塞利、佩雷斯－戈麦斯等人在他们的研究环境下也进一步讨论过这个问题——他们研究的是西方历史进程中，建筑的技术功能与美学功能如何彼此分离。第5章探索伽达默尔实用哲学观念与建筑师工作中更加实际的方面之间的关联性。第6章致力于阐释学本体论问题，这也是伽达默尔哲学如此吸引建筑师的一个问题。和海德格尔一样，伽达默尔提供了一种思考存在意义的方法，以至于他的思想可以作为一种方法，将建筑与存在意义这个深奥的问题联系起来。

16

我将在每个章节中，不断地关注那些借用了伽达默尔思想，或表达相似观念，或例证伽达默尔观点的建筑理论家与建筑实践者。受篇幅所限，我无法对他们的工作给予充分描述，甚至无法对所有做过这些工作的作者一一提名，但我希望通过将关注点集中在学术成果的范例上，为这些作者和我的读者充分地效劳。对于难以避免的知识局限和疏忽遗漏，我深表遗憾，希望读者能突破本人在此书中的研究，作进一步的探索。

艺术的游戏及建筑艺术

对于德语单词"Spiel",英语中没有哪个词可以完全捕捉它的意思。这个词可以意味着"玩耍、嬉戏"(play),例如在"儿戏"一词中所表达的意思,或者戏剧的意思。但它也可以表示"游戏"(game),当然就是某种供人玩耍的东西或事物,不过这种玩耍是根据一个明确的结构或者一套规则进行的。在德国艺术哲学的历史上,"游戏"(Spiel)的观念很久以来就一直处于中心地位。尤其是伊曼纽尔·康德,他将这个概念视为体验艺术、体验自然之美的一种典型心理活动。对于康德来说,参与游戏就意味着遵照众多感觉、画面与观念中的相互关联性、关系性和联合性,以一种自由行进的方式进行,但这种方式又有一定方向性,似乎将人引向某处。游戏的这种方向性,或者说游戏目的论,并不导向对游戏目标的真实评价,因为如果这样做,可能会让游戏的体验脱离审美的境界。相反,这里出现的评价是纯美学的:目标是美的,这种评价不过是判断目标在游戏中有多大能力,能唤出美的形式。因此,康德说美学评价并不是一个客观的判断,而是一个"主观且普遍性的"判断(Kant 1952)。

"游戏"在德国人类学中也占有重要的地位,尤其表现在1938 年约翰·赫伊津哈(Johan Huizinga)名为《游戏的人:一项关于文化中的游戏成分的研究》(Homo Ludens[①])的重要研究著作中(Huizinga 1950)。对于赫伊津哈来说,人类

---

① "Homo Ludens"是拉丁语,英文意思是"Man the player"。——译者注

的文化，本质上就是游戏的产物。虽然可以毋庸置疑地说，动物也会嬉戏，但在人类的意识中，游戏以一种释放和被释放的形式出现，这种形式对于人是什么以及人高于动物等方面来说，必然是决定性的因素。赫伊津哈的理论是关于文化和历史的，但我们可以看到伽达默尔是如何从哲学的角度来借用这些理论，将它们与海德格尔在 20 世纪 30 年代开展的研究结合起来，共同对艺术作品的真理提出辩护，即要辩明：艺术作品有能力揭示世界，揭示人的存在，而其他表达方式无法与艺术作品相提并论。

18　　　赫伊津哈与海德格尔等思想家对艺术与游戏中真理问题的坚持，有助于解释为什么伽达默尔将《真理与方法》三分之一的篇幅都用在了对这些主题在哲学上的扩展研究。他把游戏的思想说成是一条"线索"，通过这条线索，人们明白阐释性理解更为一般的性质。游戏对于阐释经历来说是一种具有启发性的方式。它的结构大大揭示了阐释现象（hermeneutic phenomenon）的一般性质。**但正当游戏因此起到线索的作用、用于理解哲学阐释学的性质的时候，伽达默尔同时试图加强论证，说明游戏在哲学上的重要性——以及相关的，艺术在哲学上的重要性。**要做到这点，他需要依据启蒙运动和浪漫主义时期某些有影响力的美学理论，恢复艺术的重要性，那些理论将美学思想变得太过主观化，以至于艺术无法再表现它与现实之间的关系——一种人类历史已经赋予艺术的关系。

艺术主观化的问题

　　　　艺术主观化的问题在康德美学思想中也是模棱两可的。康德认为，审美判断虽然是主观的，但可以具有普遍性。此外，这种对美的普遍性的断言，有助于将人对世界天然呈现出的状态的感官体验与一种世界道德观联系起来（这种道德观相信：人类在这个世界中的自由与目的是不受拘束的）。这样，在康德的哲学中，我们仍然可以这样思考艺术——艺术预示了一些关于现实的重要事物。在由艺术品唤起的这个认知游戏中，人所体验的方向性有助于将思维与目标的特性协调起来，或者说与人在这个世界的目的论协调起来（Gadamer 1990b，54-55）。但与此同时，美学判断并不是直接意义上的对自然或对这个世界的判断。它表达了艺术家唤起认知游戏的独特能力。当艺术家创作一样东西，它能唤起游戏，并被认为是美的，那么艺术就达到了它的目的，并且完全是在主观领域里达到这个目的。这就是康德理论中模棱两可的地方。一方面是间接的——艺术似乎间接地预期了与世界有关的一些东西；另一方面又是直接的——艺术只能直接地表达，并且在主观的领域内引起思想活动。

19

浪漫主义时期的美学，尤其是弗里德里希·席勒（Fredrich Schiller）的著作，赞同主观性与艺术家个人的天赋，从而化解了这种模棱两可。席勒不把艺术创造所赋予的自由看成是与现实世界相关的，而视为逾越现实、让世界变得完美的一种方式。为了这个目的，艺术把想象带到了美学自主的王国里。虽然这种态度明显地采纳了康德的主张——康德坚持认为艺术在自由性上具有重要的作用，但它将艺术从两个现实——人类意识的内部道德世界和自然状态下的外部世界——分离出来，而康德认为艺术可以将它们结合起来。从一开始，席勒认为艺术高于现实。伽达默尔则认为，这一态度的问题不仅在于它更加主观，而且还体现在它假设艺术和现实在本质上相互对立（Gadamer 1990b，82-83）。**对于伽达默尔来说，艺术是对现实的揭示，尽管它总是采用自己与众不同的方式。**

一些理论家专门从建筑角度考察艺术中的主观化现象，他们利用历史上风格和理论的发展，剖析建筑在现代和当代所处的局势。（提一个明显吸取过伽达默尔思想的人）达利博尔·韦塞利强调了艺术在人的自我理解性上所发生的变化，这种自我理解性曾伴随了巴洛克艺术的兴起，并使建筑在表意方式上发生了内在的分化。巴洛克艺术强调戏剧性的、富有动感的效果，旨在加强观者的情感反应。在建筑上产生的结果则是室内外高度装饰的表面。这种装饰的趋势代表了建筑不再从根本上去表现象征意义，而变成制造愉悦感。与此同时，建筑技术不再与作品的象征目的相结合，而是纯粹变成了支持美学诡计的工艺方法，以此来服务建筑（Vesely 2004，269）。人们或可以说，在这个过程中，愉悦感与技术都被纯粹化了，而付出的代价是二者的相互分离。这种分离为建筑美学走上一条与建筑工程不同的发展道路创造了条件。最终，在现代主义初期，这一发展轨迹使得建筑的这两个方向以相互矛盾的方式运行着。

卡斯滕·哈里斯对巴洛克建筑进行研究，得出了相似的结论。巴洛克风格想要的美学体验是一种自足的体验，不为别的，只为了一种幻想式体验的方式。哈里斯不仅在康德那里，还在与康德同时期的亚历山大·鲍姆加滕（Alexander Baumgarten）那里，找到了这个目标的理论表述，鲍姆加滕将艺术的目标看成是对可感知世界的完美化，他将艺术家描绘成拥有上帝般力量的人，他们在创造这个完美的世界（Harries 1997，16-24）。再一次地，对这种激发主观体验的审美的强调，促使了艺术与技术、艺术与功能的分离。建筑变成了技术建造加装饰。房子的范式便是被装饰的棚屋（1997，4-5）。

哈里斯、韦塞利以及其他一些抱有同样阐释学态度的人认为，如果以主观主义、唯美主义为发展方向，朝着"为艺术而艺术"的目标发展，将建筑设计中功能与形式相互分离，那么将会为这门学科引来"火上加油"的麻烦，因为这门学科的实践者，本来就已经面对巨大的挑战，要将他们的建筑艺术变成一门整体的艺术。一个人如果相信建筑应该努力融合结构、功能、象征意义和艺术效果，那么对建筑进行划分，其结果也就无异于放弃建筑的根本使命了。

艺术与"严肃的游戏"

　　伽达默尔为了反对美学理论中的主观主义倾向，在很多方面都采用了一种戏剧化的哲学讨论方式，这种方式可以在《柏拉图对话录》中找到（Gadamer 1980，70-71）。我们看到对话录中，柏拉图的导师苏格拉底在讨论问题、理念、定义和假设时，并不是为了扳倒辩论中的对手，而是为了向他指出，哪个思路才是最有道理的。之前，我将苏格拉底的这种提问方法确认为"辩证法"，这里我们称它为一种"严肃的游戏"。在这种游戏中，创造与发现之间总有一种张力。正如每个艺术家都知道的，创造富有游戏性。它需要这种游戏性来保持对可能性的开放。真理是严肃的，通常相当严肃；但发现真理，需要像艺术一样对未知的可能性保持开放，以至于哲学研究能够以游戏的方式，参与到严肃的事物中去，甚至严肃地对待那份游戏性。伽达默尔认为，认识到在游戏性与严肃性之间，一直存在着这样一种讽刺性的紧张关系，对于理解柏拉图的全部理论是必不可少的。在苏格拉底严肃的游戏中，考虑一件事情，比方说正义的本性是什么，或者知识的本性是什么，不需要立即做出定论。这样一来，问题就可以在朋友间以一种辩论的游戏方式追问下去，让因果推理占据对话的全过程。并且，我们可能期望，它会引向更加伟大的真理。苏格拉底辩证法中的游戏性，因为柏拉图将焦点放在苏格拉底本人的故事上，而得到了进一步的强调——故事中，苏格拉底并没有隐藏在他的思想背后，而是不断地提出了思想观点（Gadamer 2007，ch. 14；Brogan 2008）。

　　伽达默尔认为，艺术中真正的游戏也具有这样的特征——恰恰在艺术的游戏性里，容许了严肃性的存在。之所以如此，在某种程度上是因为自由是人类最基本的潜能之一（Gadamer 1986，130）。但是通过这种"自由"，我们在脑海里不会无边无际地漫步于稀奇古怪的可能性。游戏早已将玩耍的潜能定为一种有规则的行为，从某种意义上说，是"游戏玩弄了玩家"。艺术作品将游戏变成一种特定的结构，对观者的体验做出了规定。一件真正成功的艺术作品，总是在标识和定义方面十分出色，就像一阵风以一种独特的力量吹打着人们；它带有制定准则的强大权威，就像里尔克（Rilke）[①]在他经常被引用的诗歌里所表达的一样，古老的阿波罗躯干雕像含蓄地对观者提出了要求："你必须改变你的生活。"（Rilke 1982，61；Gadamer 1986c，34）康德曾肯定地评论道，游戏的自由确有如此的方向性。康德感觉到这种方向性是有价值的，因为方向性引向一个有意义的地方。但是康德和浪漫主义者们，都不认为艺术的游戏和发现真理的游戏之间有太多的相似性，因而也就没有充分意识到艺术在其自身范围以外的意义。

　　这些思想家尚未领会的内容中，部分内容在比之久远得多的柏拉图那里就已经完全搞明白了：艺术所专注的领域既非完全真实亦非完全虚构，既非纯粹已知亦非纯粹未知，这个领

---

① 里尔克（1875—1926 年），奥地利诗人，除了创作德语诗歌外还撰写小说、剧本以及一些杂文和法语诗歌，其书信集也是他文学作品的一个重要组成部分。著有《古老的阿波罗躯干雕像》。——译者注

域将主观与客观毫无区分地结合在了一起。柏拉图明白，艺术所栖居的这个领域，这个介于已知与未知之间的领域，专注于发自内心追寻真理的各种形式，它同样神秘莫测。他和苏格拉底都认为，虽然人类可以知晓一切，但因为缺乏智慧，而生活于无知之中，这样说等于承认了人类意识不可避免地长期处于已知与未知之间的中间状态。如果说，柏拉图的哲学似乎经常与当时的诗人和艺术家产生冲突，并不是因为柏拉图没有艺术鉴赏能力，而是因为他在为这种中间状态做斗争。在这种努力中，他必须迎战各种敌人，他反对有的人坚持类似于神学真理那样的诗人想象，也反对有的人坚持"为艺术而艺术"，当然古希腊可能是另一种叫法（Gadamer 1980，43-44；1986c，14-15）。

无言的画面与具象的词句

当我们要识别艺术的表意功能时，最容易想到的是叙述性艺术，因为这种形式与词句相关，而现实中的讲话也是与词句相关的。叙述性的艺术形式再现了讲话对真实发生事件的描述以及真人参与的种种交谈。在语言类艺术中，作品通过巧妙美化的语言表达意思，人们很容易理解并说出来。类似地，当思考非语言类艺术例如绘画时，人们可能会觉得最容易理解的意思，就在那些画着人或物的、可理解的绘画中。视觉艺术的这种描绘，创造了一座连接叙述的桥梁。我们可以看画下来的故事，并根据故事来解释绘画。但在这样的解释过程中，有一些东西是有欺骗性的，因为对于我们要讨论的艺术品，熟悉它们、容易理解它们，实际上可能掩盖掉让它们明显具有艺术性的地方。甚至，由于艺术表意的方式与一般的意义形成方式如此不同，以至于理解非语言的图面所

23

具有的表意功能，可以讽刺性地为解释语言类的艺术开辟一条新的道路。

  如果我们过于强调艺术贴近平常事物，那我们可能会误以为每一种艺术表达（representation）都是一种"陈述"（presentation），每一次成功的模仿都会引发人们的"识别"行为。在技术意义上，伽达默尔使用了"陈述"（representation，oDarstellung）、"识别"（recognition，oWiedererkennung）这些词，对这些词必须解释一下。艺术表达塑造、规定和强调了主题的特点。从这个意义上说，艺术表达就是一种艺术陈述。它向我们陈述了主题，就好像在说"这边，往这边看"。例如，一幅描绘重要人物的画像，它以能够传达人物重要性的方式，来表现人物形象。我们看着画，可能会说"画得真像啊！"但是从艺术角度看，这幅画的精彩之处不在于它有多像，而是在像的基础上加了什么。**艺术作品绝不只是对事物的如实记录；它总是构成一种"存在的递增"**（Gadamer 1990b，110-118，Villhauer 36-38）。

  艺术或者模仿生活，或者模仿自然、模仿世界，但是这种模仿的方式能帮助其观者或听者认识到一些他们尚未所知的关于生活、自然或世界的东西。从艺术角度看，重要的不是作为一件复制品，模仿得有多么惟妙惟肖，而是作为一种识别的方式，艺术所具有的价值。在这里，我们讲到了艺术在特殊中表现普遍、在现实中表现理想的能力。虽然伽达默尔确实同意这一阐述有几分道理（因为陈述总是涉及概括的行为），但他还是对艺术刻画中过度的理想主义保持了警惕。事实上，艺术作品的显著特点之一，是它能指明一些普遍的东西，同时也不放弃个性。当诗人里尔克在描述古老的阿波罗躯干雕像，并得出结论说"你必须改变你的生活"，这句话试图表明对于该作品可能会有什么样的感受；它绝无企图去取代对艺术作品本身的体验。将作品表达的意义变成一套可以抛开原作、可以带走的观点，这就更加不可能了。艺术表达的意义是某种被保存在反复的或回忆的作品体验中的东西。艺术作品很慷慨地与我们分享了它所表达的意义，但它以一种所有者的顽固，保存着对意义的占有权（Gadamer 1986c, 33; 2007, 214-217）。

关于艺术性质的这些观点，有一个建筑方面的例子，就是我们所知的《伽达默尔的地板》（Gadamer's Floor）[①]一文。建筑师雅克·赫尔佐格（Jacques Herzog）这样讲道：由于巴黎蓬皮杜艺术中心计划举办的一次展览，96岁高龄的伽达默尔接受采访，被问及什么是建筑，结果他并没有用一般的方式来回答这个问题，而是讲起儿时的一段特殊的经历。

> 未铺地毯的地板上，矗立着钢琴和台球桌，伽达默尔在描述它们的时候，说这块表面是一样具有魔力的东西
>
> （Herzog 2001, 115）

这段地板浮现出的诱人力量，部分来自打造它的出色手工艺活儿，部分来自这个家庭对它的护理和带给它的礼仪，部分来自于一个孩子丰富的想象力——但不能把诱人力量的成因约减为其中任何一个单一的因素。这段话描述了这段经历，并将它概念化，进而归纳出这段经历的重要性，以便在语言中保持这份重要性并传达给读者，但是语言要想最佳地表现重要性，就得贴近这段经历，用一种能够与感情发生共鸣的描述来表达这种经历（或者像里尔克那样，用诗歌的形式），因为在这种情况下，语言不应该远离体验，而要更加深入体验。

建筑是在具体的体验中，将可被识别的意义集结于一身

[①] 赫尔佐格《伽达默尔的地板》并不直接与哲学相关，更多是对建筑师的两个作品的介绍。——译者注

的，斯蒂文·霍尔（Steven Holl）在对自己的建筑"原型体验"（archetypal experience）进行描述时，明确表达了这层意思。他的惯用语"原型体验"恰如其分地具有矛盾性：原型不在于概念的纯净、抽象，而在于具体事物的独特性以及触动我们的强烈程度。在20世纪70年代他还是建筑学学生的时候，住在离万神庙不远的地方，于是有这样一段描述，写的是近乎每天都会去万神庙参观：

> 在万神庙巨大的空间里，我第一次感受到了激情，那是建筑调动起所有感官的强大力量。数月来，几乎每个早上，我都会经过两扇巨门，步入这个具有2000年历史的球形作品的静谧中。它的样子每天都随着穿过顶洞的光柱的戏剧性变化而改变。在下雨的清晨，倾泻而下的光柱含着被反射的雨滴的光点，仿佛这些光点慢慢落到地上，然后汇入铺着大理石的精巧沟槽中……有雾的天气让来自圆孔的光柱显得更加清晰可辨，仿佛是一个用晨光做成的实体圆柱……周边的城市肌理，各种各样的房子，损坏的石墙，还有不经意间被熟睡中的猫填满的沟状空间，它们与这个纯净的、中空的室内产生了惊人的对比。

（Holl, et al. 2006, 122）

几乎没有哪座建筑有比万神庙更多的技术层面或象征层面的分析，但霍尔在这里却聚焦于复杂的感官性（sensuality），它将某物如身体般的形式插入建筑[①]，使意义得到具现化。清楚明了的感官性具有与人沟通的力量，它没有被减弱，相反地，通过强调感官上的直接性而得到了加强。

在伦敦泰晤士河岸，雅克·赫尔佐格与皮埃尔·德·梅隆

26

---

① 基督教中光线与爱的概念有关，如舒尔茨在《场所精神——迈向建筑现象学》（P27，施植明译，华中科技大学出版社）中表达过类似的观点。——译者注

（Pierre de Meuron）将一个巨大的电力厂改造成了泰特美术馆（Tate Modern）。在这个方案中，他们受到了伽达默尔地板故事的启发，特意设计了一种地板，使之成为统一整个建筑的元素。虽然他们选择的粗加工橡木地板，与伽达默尔儿时的手工拼花地板差别很大，但扮演的角色相似——它传达给美术馆的参观者一种感觉，仿佛它们铺满的不止是普通的空间，还有其他什么东西。对于雅克·赫尔佐格与皮埃尔·德·梅隆，或者霍尔，或者尤哈尼·帕拉斯玛（Juhani Pallasmaa，2009），或者彼得·卒姆托（Peter Zumthor, harr 2007, ch. 5），谁要是认为他们对特定材料官能特性的强调，与对作品的理解和可识别的意义不相干，那他就大错特错了。这类建筑师的行为更应该被看成是包含了一个谜，伽达默尔在每一个艺术作品中都能同样地发现它，它将两种无尽的东西——作品意义的可理解性以及作品本身的特殊性——神秘地交织起来。

这种普遍与个体之间奇妙的张力，对伽达默尔"象征主义"观念的理解也有一定的作用。他动用了"象征"一词的古老词源，该词的词源指的是一件被破开的东西，破开部分由两人各自持有，代表他们之间的一种联系。很久之后，当他们或者他们的子孙相聚，破开部分重又合上，他们就会认同这种长期存在的联系（Gadamer 1986c，31–34; Tate 2008，195–199）。艺术作品在一种相似的方式下也具有象征性，因为它表明自身以外的东西，但它并非通过一种谦逊的方式来实现这一点。艺术作品是完整意义的一个片段，是重要而非完整的一个部分（1986c，16，37，126）。**对象征意义的领会，构成了一种认知，仿佛突然遇到熟悉的事物一样。** 27
那具古代阿波罗躯干雕像是一个完整的古代世界的一个片段，但在它向观者述说、坚持什么的时候，它的意义就变得令人熟悉，而且是一种直接而亲密的熟悉。

伽达默尔说，诸如绘画、雕塑、器乐和建筑这样的非言语的艺术形式，它们是"无言的"。但是他脑海中的"无言"源于德语"vertummt"的含义，不只表示沉默无言，还表示结巴。无言的画面结巴地向我们表达意思，那是因为它有比言语更多的话要说（1986c，69，83）。在无言的画面中，意义的过剩揭示了象征的另外一个基本特性：它是多义的，它将多种意义凝缩在自己身上，将"在"（being）的不同领域集结在一起。象征作用对于理解这些不可思议的力量，是十分关键的，人们时常从这些力量联想到象征性上。比方说，一个被雕成女人形象的石头，可以同时带有石头的物质性、人类的外形以及神的含义。集所有这些力量于一身，又有何不可呢？即使一个人不太同意这种力量具有魔力，他还是会承认：如果把象征看成是具有生命的，那它就会同时在多种"在"（being）中有所参与。

虽然，《真理与方法》中非语言类艺术的例子是从表现性风格或具象风格中选取出来的，但伽达默尔在之后的著作中澄清：他的观念对抽象艺术也同样具有意义，这个特性对我们当前的议题很重要，因为建筑就其艺术形式而言，一直以来属于比较抽象的那一类。一个人可以设计一个柱子，让它表现纸莎草的梗茎，或者人的形象，但是不像这些形象的柱子同样美丽，同样具有意义。甚至，对于现代情感而言，前一种柱子的装饰看上去更像是没有必要的雕塑附加物，附加在无装饰的柱子形式和纯净的建筑艺术效果上。

28　　　伽达默尔坚称，这种抽象不是放弃表现 [或者古希腊所说的"模仿"（mimesis）]，而是变成另一种表现（1986c，24，36，103，128）。把形象简化为基本几何形、平面或纯色彩关系，这不是远离对自然的回忆，毕竟自然也被看作几何的、平面的和色彩的。相反，抽象艺术家对直接描绘物体、场景方法的规避，使他们能够探索、强调和玩味对它们进行抽象而突显出来的特性。这就是画家瓦西里·康定斯基（Wassily Kandinsky）所思考的东西，他最终坚信具象的物体对他的绘画是"有害"的（Kandinsky 1994，370）。如果观者只是因为描绘的事物是他所熟悉的而得到满足，那么有些意义就不会产生。

从这个意义上看，抽象并没有减少象征在艺术作品中的比重，实际上反而使象征更加丰富。表面意义的消除，使作品的内涵得以外溢。不代表任何东西，使作品可以同时暗示多个事物。因此，抽象艺术可以加强多义性，而在伽达默尔看来，这种多义性必定是属于象征的。即使作品追求的完全是实验性的东西，它仍然在表达着什么——它在说实验已经成功，在说现在是承认它的时刻，要建议对世界做点什么安排。由于具有被人们承认的可能性，实验艺术取得了与以往的艺术作品的连续性，这种连续性让我们对这些最怪异的东西，也赋予古老而令人尊敬的名词——"艺术"（1986c，22-25，90-92，128）。

建筑的"装饰性"

虽然伽达默尔对建筑明确有所关注的地方，只是简短地出现在《真理与方法》和其他一些论著中，但他充分阐明了，建筑应该在所有艺术中位居典范之位。然而，他的评论可以产生与他的期望恰恰相反的作用，因为他采用了一个有问题的词汇来描述建筑拥有独特地位的特性:他说建筑是"装饰性"的。这个词具有误导性，因为装饰行为与装饰物是阿道夫·路斯、勒·柯布西耶和别的一些现代主义者所反对的，他们把装

29

饰概括为肤浅的唯美主义做法。然而伽达默尔使用的"装饰性"表示的是一个相反的意思——它统一建筑作品,是因此能够抵制审美肤浅性的方法。这里,他采用了维特鲁威"decorum"的概念,意思是作品的形式应该适合它的意义与功能。维特鲁威以神庙为例来说明这个概念,神庙建筑物特别是它的柱子必须适合它所要表达的神性（Rykwert 1996,237-239）。

伽达默尔把维特鲁威的基本理念用到了他阐释学游戏的观念中。维特鲁威提到的"适合"或者"适合性",在 20 世纪海德格尔说明物体是如何"集结"[①]世界的时候,有一个同样有效的推断。例如要叙述一座桥,如果把它视为孤立的、独立存在的实体,错过的内容不仅有它的建筑功能,而且还有它的存在方式,它在众多意义之中的存在方式。作为一个物体,桥总是处在一张牵涉了自然或文化的网络里;作为一个建筑的物体,它尤其致力于将景观"集结"起来,因为它将两岸拉到了一块,将路、因而也是人的行径,与河、与环境关联在一起（Heidegger 1971,151-158）。桥在景观中指引人们,又因为它所添加的内容而补充了景观。它服务于它的目的需求;它的意义来自于它解决了一个环境上的问题;而在实现这一目的的情况下,它实现它独有的艺术效果。类似地,一个房子通过斡旋于室外环境与室内空间,来实现"集结"。对外它在环境中定位,对内它符合功能需求,从而使得艺术品质既创造性地表现出来,又让位于由艺术品质而成为可能并得到加强的人的行为（Gadamer 1990b,156-158）。

这里可以做个类比,那就是画框是如何创造绘画空间的——恰恰是画框让位于绘画体验,它才创造了绘画的空间。但是在建筑的例子中,作用要深刻得多,因为建筑创造了一

---

① 即"gather"。见施植明翻译的《场所精神——迈向建筑现象学》（舒尔茨著,华中科技大学出版社,2010 年）。——译者注

个让行为全部发生在其中的空间，包括行为的事件与事件参与者。此外，因为所有艺术都需要加强物体的存在性（the being of things），建筑在这方面的效应则发生在它内部和它周边所有物体身上。又因为其他艺术要么发生在建筑内部，要么发生的事件与建筑相关，所以都依靠建筑的力量来创造和塑造场所。这赋予了建筑显著的地位。由于建筑在服务这种需求时，是处于让位隐退状态的，因此一个人倾向于忘记建筑必需的存在——只想到了绘画、雕塑或者戏剧，把它们当成自主的艺术。然而为这些艺术意义的集结提供了便利的恰恰是建筑，并且建筑也经常是它们需要集结的意义的一部分。

如果这样描述装饰性，那么原本经常被视为建筑弱点的这个特性则表现为优势。建筑总是要服务于它的功能，因此建筑的艺术性时常受到威胁而无法成为一种"纯艺术"。虽然，缺乏创见、讲求实际的功能主义毋容置疑在破坏建筑的艺术性，但也要肯定，根据伽达默尔的观点，艺术上最成功的建筑，其功能都是完全融合于艺术中的。恰恰通过功能，人与建筑发生联系，而其他大部分艺术形式都不具有这种方式。也恰恰通过功能，建筑才退居背后塑造了体验。有些时候，建筑作品的艺术效果突然移至前景，能够令人惊讶，大部分原因归结于为人们在身体上、意识上已经习惯了建筑作品在意义表达上退居二线的那种关系。

> 要成为一件艺术作品，只有当它在使用中，有什么精彩的东西向外闪耀光芒才行，就像一切美丽的事物一样。体验会让我们在有目的的行为中暂停下来，就像在一个教堂空间内或者在一段楼梯上，我们忽然站在那里出神的时候。
>
> （Gadamer 2007，221）

伽达默尔如此理解建筑，不仅拓展了维特鲁威"Decorum"的观念，而且还与另一个古老词汇的使用关联起来，这个词或多或少地等价于"美"的观念。**在古老的概念中，"善"总是表现在美的事物身上。美的吸引力暗示了"善"有多么至高无上**（Gadamer 1990b，480-482）。通过语义上的这个遗产，同时从历史的观点将装饰性与善的形式联系在一起，伽达默尔将"装饰性"这个词的意思从"仅仅是装饰"拓展到了很广的范围。事实上，他在"美"与"善"上恢复了愉悦与终极价值的统一，这是康德已经削弱的，虽然康德自觉到了这一点并满怀歉意，但他的追随者都毫无遗憾地将二者割裂开来。

我们援引伽达默尔的话时，还不得不提到他的一则发人深省的故事。在 20 世纪 50 年代海德堡大学的建筑规划中，他以教员代表的身份，主张保存弗里德里希·魏因布伦纳（Freidrich Weinbrenner）设计的学院大楼，但没有成功。这幢大楼里有一段楼梯，伽达默尔说，"它是如此美丽，我经常要花上一段时间来爬这段楼梯，因为我会偶尔停下来"（Gadamer 2006; Rambow and Seifert 2006）。我们或可称之为"伽达默尔的楼梯"，把它当作体验这位哲学家的试金石，它与"伽达默尔的地板"一样重要，一样富有意义。

伽达默尔对建筑抱有十分整体的观点，他叹息于视觉第一的文化趋势，即欣赏建筑主要以直接的视觉冲击为依据。他把这种趋势与建筑摄影的兴起联系在了一起。摄影的长处在于很容易分享一个建筑的印象，但代价是将视觉与触觉、听觉和动态图像分离开来。这种文化促进了建筑的视觉感受，同时也带来了旅游人群，他们只是想去"看"建筑，好像整个世界就是一本图画书，旅游就是在翻阅这本书。建筑的意义是在使用中才被发现的，在前述的旅游过程中，这层意思被丢掉了（1986d; 1990b, 87, 156）。

在这一点上，我们再次注意到伽达默尔的思想与某些建筑师的作品是一致的，如霍尔和帕拉斯玛，他们努力将全方位的感觉带到他们作品激发的互动中。这些作品最重要的特点在于肌理与表面，以及形式与材料表现在心理上的重量感，还有就是运动与发现的感觉——当人穿越空间，或者当光落在物体表面上并随着时间与季节的变化而变化时，这种感觉会被展现出来。这些品质带给作品以洞察的深度与时间性，因为这些品质是逐渐被人理解的，人们是随着作品"在"（being）的方式不断获得体验的。伽达默尔相信，建筑的意义应该以这种方式逐渐浮现出来，这种信念导致他不愿意评判具体一个建筑的成功与失败。他相信，一个人必须与一座建筑相处一段时间，才能发现建筑所要实现的一切。而当建筑的整体艺术性突显出来，那么艺术性里的一切都会与它的这股力量相互一致。伟大的建筑物使它的艺术性具有整体的生命力。

平衡的问题

在建筑自信与自谦的力量之间，必然存在一个平衡，这是每个建筑师都十分渴望实现的。一个设计可以大胆、惊人，也可以精心装饰，但对于它所要努力提供的便利，还必须有一个让步的策略。如果妨碍了这一点，即使再精巧，也不能起到建筑的作用。考虑这个问题，可以想想 20 世纪 80 年代某些具有讽刺意味的历史主义后现代风格。詹姆斯·斯特林（James Stirling）设计的国立美术馆新楼（Neue Staatsgalerie）具有太多诡异的历史参考，这些不够整体但又太过视觉化的参考是不是压制了对整个作品的体验？伽达默尔可能会这么认为，但他没有给出判断，因为他并不完全熟悉这个建筑（Gadamer

1986d）。不过一定程度上可以公正地说，像这样一个实验建筑，有着惊人的游戏性与过度的参考，是有失平衡的。**建筑师如果说"这不够严肃"，并不是真的想要诋毁游戏性，而是不想回复到某种审美主义中去，而无法欣赏游戏所致力于的伟大事物。**

很难想象会有比弗兰克·盖里（Frank Gehry）更有游戏性的建筑师了，但他极其严肃地对待自己几乎所有的作品。暂且不说哲学的解构主义与他的工作方向是如何相关的，这里我们说说他所吸取的雕塑般的形体可能性，这是整个现代主义时期人们都在探索的。盖里通过他的创造力，通过引入计算机辅助设计与加工，进一步推进了这种可能性。复杂的设计过程让最终完成的作品与艺术家一开始在手中进行的谦逊的模型十分贴近。从 20 世纪 70 年代他的建筑实验开始，盖里就勇于面对别人对他的指责。这些指责说他采用的是雕塑的方法而不是建筑的，或者说他的建筑美学形式只是元素的添加，而不是元素的整合。但可以肯定地说，这些解读是很肤浅的，建筑本身并不肤浅。盖里有他独特而有趣的方法来实现他的探索，——寻找平衡的探索。

通过一些简短的评述，可以解释这种可能性。盖里的建筑，在我看来具有彻头彻尾的建筑性，只需要看一个方面——在设计过程中，功能及其排布都得到了一丝不苟的关注。由此产生的建筑，不管形状及其对比有多么不寻常，人们仍然可以具有导向性。他的建筑预先考虑了：人凭直觉如何穿越室内空间。在盖里的建筑中，身体作为主体容纳于空间之中，这种容纳与雕塑般的形体建立起关系，以身体为中心的设计方法导致了这些雕塑般形体的产生。我认为，用这种方式结合身体元素，形成了某种整合。这不是一种明显的整合，像完全把房子建起来这样一种具体的整合，而是一种复杂的、想象的整合，它与体现在建筑上的人的一些特点相调和。用伽达默尔的观点说，它寻找的是一种装饰性的协调，或者说坚持建筑的形式，同时遵从使用者的感觉。

如果说盖里的空间具有令人惊讶的空间导向性，那么它们也同样具有令人惊讶的可识别性。比如说，当一个人在洛杉矶迪士尼音乐厅（Walt Disney Concert Hall）（图2—图4）的休息厅外徘徊，他可以辨认出音乐厅的各个空间，即使与他以往所见的任何一个音乐厅相比，该建筑都具有视觉上的不同。这个建筑在室外引发了多种联想，例如入口立面像"张开的帆"，不过在这些联想当中，也不乏一些可识别的建筑性联想。人们可以找到院子和花园；可以沿着外墙的顶部漫步行走，就像游览欧洲城堡那样；可以从各种有利的令人着迷的位置四处远眺。在马萨诸塞州剑桥麻省理工学院的斯塔塔夫妇中心（Ray and Maria Stata Center）（图5）中，我们可以辨识到类似于小别墅的元素，还有诸如微型剧场的城市空间。这个综合体的形式当然是具有游戏性的，甚至从某种程度上说是滑稽的，但它们在想象层面上保持了与建筑传统的联系，建筑传统在此具有强烈的回响。

作为线索与实例的游戏

在游戏现象摆脱审美主义限制的过程中，《真理与方法》的第一部分把游戏的结构变成了一种线索，以此让人理解阐释方法的结构。但到目前为止，需要明确的是，把游戏称为"线索"，这确实还没有得到足够的论证。艺术中的游戏构成了一种对阐释现象充分展开的体验。虽然艺术的目的与其他学科的不一样，例如社会学、哲学，但艺术中特定的阐释方法却不是这样的。此外，还因为艺术是嵌在文化与历史之中的，艺术中的阐释与文化、历史并不是平行的——而是延续的。**尤其是建筑作品，伽达默尔说它"并非静止地矗立在历史长河的岸上，而是一路由历史孕育而来"**（1990b，156-157）。建筑与历史在阐释学上的互益，事实上可以达到二者之间难以分割的程度。

35

图2　弗兰克·盖里，迪士尼音乐厅，洛杉矶

图 3 迪士尼音乐厅

图 4 迪士尼音乐厅

图 5 弗兰克·盖里，斯塔塔夫妇中心，麻省理工学院

　　因此，当《真理与方法》的第二部分转向历史的性质和历史性文本的解释这些话题时，该书并没有从根本上将艺术与建筑的话题抛在脑后。受伽达默尔影响的一些建筑理论家认为，该书第二部分就像第一部分一样，与他们的工作息息相关。他们持有这一观点的理由，将随着我们的深入变得更加明晰——下面我们将更加深入地探讨伽达默尔对历史理解的阐释学因素。

历史的理解与建筑的过去

　　将阐释学方法运用在人类历史的背景中，是一件很复杂的事。鉴于这种复杂性，打一个比方可能会有帮助。想象一个妇人，她终生住在一个群山环抱的村落里。一座座山峰以及它们高低变化的天际线，界定了这个地区。有人告诉她，群山的那边有一个不同的世界，在那里人们说着与他们不同的语言，很多人住在一个大城市里。关于这个城市的生活，她听到很多描述，但都是相互冲突的。她认识的那些去过这个城市的人，好像有着不同的兴趣与感觉。有的人说那是一个精彩的世界，有的人觉得令人恐惧，但是每个人都同意一点——那是一个完全不同的地方，人们过的生活对于外来者而言几乎难于理解。有一天，这位妇人决定旅行，亲自去看一看。她沿着道路前行，来到了山口。当她站在曾经是她视线所及、生命全部的边界的地方，她第一次往山的另一边望过去。这时，我们可能会问，她把什么带到了这个地方？这里曾经是她视线范围边界上的一个点，但现在却向她开启了一个新的世界。**我们必须说，她所携带的是她因为生活在视线范围所限的世界中，而已经适应的一切——她的语言、她的知识、她的习惯与情感。它们定义了她的身份与性格，从这个意义上说，它们是属于她的；但显然，与完全来自于她的部分相比，它们更多地来自于那个村落地区的民族所拥有的悠久历史。即使现在，当视线范围不再是边界，而成为远处世界的入口，她仍然是那个完全由群山环抱的村落所塑造的自己，而且随身都带着她老家的那个世界。**

在这个故事中，以字面意思出现的山峰天际线（horizon）是伽达默尔关于文化与历史的视界[①]（horizon）的比喻，每个人、每个社会都处在文化与历史的视界中。一方面，视界是一个限定。它描绘了一系列的信念、故事、观点、习惯、共有的经验以及性格，这些使得一个民族是其所是。视界之外，是他们不知道或不会去想的东西，包括他们甚至不会打听的东西，因为他们不知道如何去问，或者为什么要去问。视界定义的世界，将永远是一个人的本源、他的家。在视界的范围内，有情感、习惯、感觉和联想，人永远也不可能完全改变这些内容。它们带着文化史的印记，标识了一个人（Gadamer 1900b，302-304）。

然而视界也是对外开放的途径，因为人从小就开始吸收文化，文化让这个世界变得熟悉，让我们适应生活。视界就像那个山口，它本身形成了跨越它、对外冒险的唯一途径。**与物理视界相似，文化视界在面对外界更加优秀的一切时，既是一种限定，又是一种开放。**

建筑师与设计师知道视界在人的身上扎根有多深。他们明白视界蕴藏在语言中，同样也深藏在人的举止、身体的习惯中——如人们在公共空间中如何移动、如何聚集，在公共与私密的空间中如何协调他们的生活。视界清晰地反映在伴随这些体验与行动的所有感觉与印象中。它决定了哪些场所是令人舒服的，像回到家一样，哪些需要费力去适应。如果建筑与文化的关系，就像书本与读写之间的关系，那么建筑

[①]　"horizon"的英文意思是眼界，也指思想、知识、经验等的范围与界限，有的翻译成"视域"，这里翻译成"视界"参考了《现代西方哲学》（放刘桐等编著，人民出版社）。——译者注

师必须意识到文化视界的存在，并能够去传达它们。

　　让我继续我们的故事。那个妇人下了山口，继续往城市赶路。一开始，所有的事情都难于理解，显得陌生，但她找到了能够帮助她的人。这些人懂些她的语言，能够帮她翻译。他们预料到了她需要什么，告诉她如何满足这些需求。他们中有的人利用了她的天真，但是她学会了如何辨别真正的好客，她深深地感激那些好客的城市居民。她从来没有像他们那样行事有计划，办事小心，但她现在对这样的处事方式更感兴趣。她想了解这种生活方式，她决定留在那个城市。随着时间的推移，她学会了人们在拥挤熙攘的地方彼此相处的方式。新建立的朋友圈帮助她明白哪些习惯让她看上去像个外地人。虽然她耳朵里尽是城市的喧嚣，有时她也觉得坚持不下去了，但对她来说城市优于乡村的各个方面开始加强。有一天她发现，她不再把听到的话翻译成母语，而是流利地说起了当地的话。这之后没多久，她便开始渴望留在城市了。

　　当一个人遇到了别的视界，无论是不同的文化，还是不同的历史年代，甚或者是不同的人，他自己的视界就会塑造新的体验，而不论原有视界是否能让他认清这新的视界。人们将在这样一个处境中，处理那些明显属于另一个视界的事情和问题，因此我们把这个人称为"带有前判断的"（prejudiced[①]）人，我们说他根据来自自己视界的假设行事，而他自己的视界可能完全不能理解新遇到的现实。"成见"（Prejudice）作为一个贬义词，很好地描述了一种自负，它根据自己的假设，在面向不同于自己但仍然具有价值的他人优点时封闭了自己。这个词指责了那些将自己的生活局限在顽固、狭窄的视界中的人。但经常用这个贬义的词义来谴责拥有视界这一事实，

---

① "prejudiced"的英文意思是有偏见的，这里出现"前判断"以及前文中的"处境"，均参考了《现代西方哲学》（放刘桐等编著，人民出版社）。——译者注

41　那就用得太宽泛了。视界确实是成见的集合，但是对于视界以外存在的东西来说，它也是一道门槛。要超越成见，就必须从成见做起。一个人应该将前判断视为与新事物、陌生事物相遇的新起点，对于那些以歪曲体验的事实为终结的成见，应该改变或抛弃它们。如果一个人保持开放，那么新的体验、新的发现、新的理解就会慢慢取代他开始的假定。但是一个人的大部分假定最终会变得越来越正确，而不是走向错误。前判断（prejudice）不能只是因为它是前判断（pre-judgment）而被判定是错的；一些前判断被证实是正确的。于是，"前判断"的贬义部分应该用于那些不愿意将他们的前判断置于险境的人，他们在与其他视界互动的时候，没有将他们的视界置于考验之中。因此，它不是适用于所有前判断的（Gadamer 1990b，277-279）。

　　这个观点与启蒙运动时期伽达默尔称之为"成见对成见"（prejudice against prejudice，1990b，271-273）的观点相对立。科学革命的花言巧语想为所有传统的东西投上负面的阴影。一些哲学家，如弗朗西斯·培根（Francis Bacon）和勒内·笛卡尔（René Descartes），把人类知识的整体想象成一座巨大而奢华的大楼，其基础却是薄弱的。他们认为，要想再在这座大楼上做点什么是没有意义的，必须推倒它，重新建造它的基础。请注意，这个比喻是如何暗示整个儿推翻传统的，把传统的一切看成是天真的、带有成见的，因而也是不可靠的。他们并不想要一个新的基础——新的基础会变成另一个传统，而是想要一个科学的方法，由此他们可以**为自己证明什么是对的，什么是错的**（Bacon 1960；Descartes 1993）。但是在伽达默尔的眼中，启蒙运动思想家恰恰在这件事上，显示了自己的天真，**认为只要运用一个方法，就能神奇地走出自己的视界，这将远远不能领会具有多个视界的现实**。一个人如果在生活中幻想他可以免于前判断，那很明显，他对体验的解释实际上已经被他的前判断所控制了。换句话说，如果一种意识要在方法上摆脱前判断，那么它就起了极大歪曲前判断的作用。

因为相似的原因，伽达默尔的观点与容忍观、多元文化论这些流行观念相互对立。一个人可能想，只要怀着某种态度，去容忍甚至赞美差异性，就能克服前判断的问题。但是如果他不理解差异性，又如何知道这种差异性是可以被容忍的呢？这难道不是让我们陷入了一种感情用事的相对主义吗？这样做实际上对于超越初始视界没有多大作用。对于伽达默尔来说，采取什么态度不足以解决这个问题。否则，后果要么是一个人放弃了他的判断能力，要么是他无法碰到在其他观点中真正的差异性，或者两种后果兼有。根据伽达默尔的观点，这里没有什么替换方法，只能具体参与，去建立真正跨越文化的关系，产生共同分享的经验。

这样说来，事情应该清楚了，指责伽达默尔仅仅支持了前判断的必然性与有用性的批评家并没有抓住要领。对于克服前判断，伽达默尔坚持，只有通过持久、特定的努力，才能一路前行，防止对前判断的歪曲，实际上他在这里设了一道关卡，而不是放之通行。这一努力的过程，关键之处在于一个人总会意识到，他必然站在一个视界的**内部**来提问，同时还会意识到，这个视界的性质以及改变这一性质的可能性，只有在另一个视界的参与过程中才会有充分的领悟。

但是这个过程是如何发生的呢？基本上，需要采用阐释学方法进行相关工作的积累。就像我们故事中的那个妇人，她开始学习这个城市的生活方式，最初的尝试都源自假设，来自她原来地方的假设。当她发现假设行不通时，就会开始将她的视界置于险境。她会开始形成一种对问题的理解，对于这些问题，这个新地方的惯例就是答案。她将有一些认识的环节，

"在村里，我们那样做事，但在城里他们这样做事。"她明白，对于如何生活，不必整个儿地重头开始学习；她可以做些转译类的事。在这个过程中，她没丢掉她的判别能力。她将认识到，"在村里，狡猾的人那样骗你，而城里，他们这样来行骗。"

在最佳状态下，会发生伽达默尔所谓的"Horizontvers-chmelzung"，即通常翻译的"视界融合"（fusion of horizons）。这个状态有点像一个人最终可以完全丢掉翻译仪器，不需要用它把自己的原语言翻译成新语言时的体验，这时他只用新语言去思考、去说话。什么时候一个完整的新视界形成了，即一个人可以简单地在这个新的视界中生活下去，什么时候他就达到了真正的"理解"。在这个层面的理解不仅仅是认知上的，或者言语上的；它也是存在性的。它改变了一个人生活方式的基础（Gadamer 1990b，305-307）。

不过，这种转变不会抽象地发生，不会仅仅通过培养开放和赞同的情感就发生。转变发生在不同视界共同支配的地方，在相互关系的发展过程和互动过程中。"融合"（fusion）一词不完全地表达了转变中发生的事情，但如果认为这个英语单词仅仅表示两个视界粘合在一起，那对它的理解就是有限的。事实上，在一个成功的转变中，出现了第三个现实，它诞生于两个视界中，但同样是新的体验、新形成的相互关系的产物。融合从来都不是完整的，因为一个人对他人或其他文化的探索是永无止境的，他用阐释的方法进行认知的体验也是永不停息的。但**事实上**，这个过程是有限的，因为我们的时间与能力是有限的，我们的寿命也是有限的。

文本的解释

当一个人打开一本书，他（她）就打开了自己的思路，准备接受书中要讲的内容。但是关于这本书**可能会**讲什么，读者携带了自己的假设，这些假设不可避免地构成了最初起作用的解释，读者关于整本书的解释便始于此。于是在阅读文本的过程中，视界一开始就对解释的可能性设定了限制，就像它也能让人理解该文本一样。作者自然也通过一个视界对主题有自己的认识。作者试图说明——比方说一则故事，或者一段思想。其中有作者深思熟虑的问题，通过"严肃的游戏"，作者实现了某种清楚的表达，以作者的视界或者超越原有视界的想法表达出来。在这种情况下，就像我所描述的其他情形一样，**"理解"作者不是简单地意味着根据一个人自己的视界来解释原著。它必须将视界进行某种程度的融合，当作自己的目标。**

　　新到那个城市的妇人，一旦掌握了当地语言，就能与这个城市的市民对话，在对话中检验自己的假设。当地的居民积极地帮助她形成新的理解。然而在解读一段文字的时候，读者并没有与作者对话的机会。因此就需要以某种方式，付出一番努力，来弥补这种互动的缺失，以达到理解。伽达默尔认为，能够帮助理解的最可靠的办法是在文句中寻找作者探究或探索的方法——作者通过这种方法，将他（她）要研究的事业推进下去。经由文字，通过与作者共同承担他（她）所关心的事情，读者可以像作者一样被事物所打动。这里，读者并没有努力进入到作者的心灵世界中；读者完全被写的内容所吸引；但是类似于作者建立起了与文章主题之间的关系一样，读者建立起了读者与文章主题之间的关系。在这个过程中，读者努力辨识作者正在回答的问题或者努力要表达的经历。读者所参与的，如果不算完全意义上的与作者之间的对话，却也让有效对话中某些关键因素发挥了作用（Gadamer 1990b，362-379）。

再者，有些解释学理论把解释的权威放在了原作者的本意上，伽达默尔对文本的态度则与之不同。诚然，一个人可以推测作者的本意，这种推测可以成为解释工作中有用的一部分。但因为作者并不在场，且关于作者本意的主张**是**推测性的，所以解释的权威必不在此。解释的权威一定在文字所容纳的意义中——意义反映了作者的努力，也反映了作者与之打交道的世界，以及对这种打交道行为起到结构组织作用的视界。解释的权威源自解释者与所有这些方面——作者的努力、作者的世界和视界等，在阐释学上的牵连。作者不在场会这样，但作者在场照样也会有这样的可能。比方说，诗人高尔韦·金内尔（Galway Kinnell）在一次答疑会议上，阅读了一番后，有位观众要他解释一下诗人某个作品中的某行文字，这段文字对这位提问者来说一直是个疑惑。他说，"为了向您请教这行文字的确切意思，我已经等了很多年了。"但是金内尔做出了令他失望的回答。他说道："我认为实际上，我不是解释这行文字的最佳人选，因为我的解释会被我**希望**它表达什么意思歪曲。我将是非常有偏见的。"这里金内尔否定了他的意图是对文本意义的最佳衡量方法，并代而指出，在诗歌中努力理解文本的意义是很困难的。在此过程中，他引导那位提问者投入到与文本交互的努力中，而不是用一个简单的回答，实现提问者对这种努力的逃避。

如果说伽达默尔通过限制作者意图的权威性，来抵制对文本意义的主观主义态度，那么他同样也反对一种客观主义的态度——从根本上把作者看作他（她）那个时代的产物。根据这种明显经验主义的态度，我们可以基于事实而不是根据作者本人的所作所为来理解作者，因为历史研究的方法为我们提供了文化趋势、文化影响方面的知识，文化趋势与文化影响在作者还没有意识到这一事实的时候，已经影响到了作者本人。虽然这种以"后见之明"来评价的观念确实有几分道理，但根据伽达默尔的观点，它忽视了阐释学课题中一些关键性的部分。第一，虽然我们不能进入作者的主观世界去解释文本，但我们不要忘记，文本**是**人作为意识主体的产物，人有自由，可以引导历史的力量。其次，客观主义态度把历史想象成前进的步伐，所以"我们现在知道得更多了"。但事实上，随着历史的运动而发生的只是视界的改变，以至于我们对同一件事情，从来都不会平白无故地知道得更多（Gadamer 1990b，192-193，204-212）。相反，我们是带着不同的疑问、假设、期望、结构与目的，以不同的方式来处理问题的。因此对视界的改变加以阐述的阐释学是必要的。另外，时间的进程不可避免地带来了知识的获得与遗失。我们可能不再拥有某种背景，从另外一个时代让文本变得有意义。和作者相比，我们对文本的理解可能会不一样，在某些方面或许更好，某些方面或许更差。但如果我们不理解视界在这个过程中所扮演的角色，我们便会落入解释的各种陷阱中。

因此，伽达默尔的阐释学目标不是回复到文本的原初世界或者作者的精神状态中去，也不是从更高的位置来评价作者。他的阐释学首先要学会如何让文本再次说话——不是在文本自己的视界中说话，而是在与我们视界的相互沟通中对话，这个视界的主体是仍然活着、并试图让文本变得有意义的我们。关于这点，伽达默尔充分利用了阐释学在其理论发展的历史上对"运用"问题的论证（1990b，307-311）。阐释学的理论框架最初形成于一些像法律、圣经之类的知识领域，它们的要点不只是在概念上理解文本的意思，而且还要知道在现实社会中如何让它们行之有效。正是这种运用层面上的特点，被伽达默尔推广到了对所有文本的解释中。每种解释都涉及了运用的方面，因为每种解释都发生在活生生的视界中。

视界与历史

历史研究中一个讽刺的地方是：根据哲学阐释学的观点，视界为我们理解历史设置了限定，但与此同时视界又是历史的产物。然而在这个讽刺的关系中，有一条线索可以解开阐释学在历史研究中浮现的谜团。正如我们所知，在伽达默尔的阐释学中，我们要通往其他视界，就必须揭示我们自己视界的特点。但在历史背景下，因为当前视界反映了以往的影响，所以使用我们的视界，在某种程度上就等同于去发现其他过往视界。换句话说，通过对这个世界当下体验的形成方式，一个人可以与历史相会。过去与现在的这个关系，伽达默尔的用词是"Wirkungsgeschichte"，它给翻译者提出了不少困难。它被译为"效果历史"（effective history），或者"有效果的历史"（history of effects），或者"历史的影响"（influence of history），或者"历史的作用"（working of history）（Gadamer 1990b，300-302）。每一种翻译都抓住了德语的部分意思，但都不全面，没有一个听上去是十分自然的英语。

我们可以想象，故事中的妇人最后意识到了历史的效应。当她刚开始学习那个城市居民的语言时，她注意到有些单词和她的母语一样，而有些只反映了微小的变化。而且，她开始明白，共用的单词一般指的是由这个城市制造的东西，或者是通过贸易途经这个城市的东西。她还明白了，这个城市与众多村落之间的关系的历史，在很多方面，沉淀于她的母语中。现在，她意识到了这一事实，这给了她新方法，可以在自己视界的资源里找到法子，来认识这个城市世界中的意义。这个体验让她继续提问下去：在我的乡村生活中，还有哪些带有这个城市的印记？一直以来，这个城市还怎样影响了我的生活？

　　一旦一个人理解了伽达默尔"视界"的概念，进一步洞察历史对于形成视界的作用，就显得相当简单了，要举例来说明这点，也是相对简单的，正如我前面做的那样。但要把它完全融入一个人的思想中，换句话说，要形成一种习惯性的"Wirkungsgeschichte Bewusstsein"（consciousness of effective history），即"'效果历史'的意识"，那就难得多了。它需要在人们所有的思考与行动中，发展出一种历史尺度的意识（1990b，301–302）。如果这种意识成为人类社会学术研究的普遍现象，那么学术界将变成和今天非常不同的状态。我们可以想象，研究者努力把他们的假设带到研究的层面上去，而不是把假设藏在专家华丽辞藻的背后，或者藏在科学对传统的分离的背后。我们会看到，研究者在假设中探索，寻找历史上他们研究领域的视界是如何形成的。尤其是历史学家，他们将当前的假设用于理解以往的事物中去，探索当前假设如何变成一种阻碍或者一种契机，他们的探索会变得更加清晰。

　　解释以往的事情，对于哲学阐释学来说，经常是一件恢复行为的事情。一个人在当下环境中恢复以往某样东西，他同时利用了现在与历史。历史不会给我们跨越时间、一成不变的真理。它甚至也不会向我们提出问题。每一个想法、每一个问题，都是经由表达的方式形成的，而每种表达方式都带有不可磨灭的视界的印记。真理跨越视界，是因为它们在新的视界里被重新认识。认识它们的方式，有点像我们在体验艺术品时，辨识到某些熟悉的意义一样。在提出这样的主张时，伽达默尔吸取了海德格尔关于真理的哲学思想。海德格尔经常用古希腊单词"aletheia"来命名真理，这个词暗示了永无止尽的揭示或泄露（disclosure），但海德格尔经常将"封闭"（closure）与"泄露"放在一起，封闭是从边界上围住了泄露（Gadamer 1994，63-64）。伽达默尔也认为，历史的真理总是受到一定边界的限制，时间的前进总是伴随着返程的道路越来越迷失。视界对外开放，但同时也封闭自己。

如很多评论者所为，我们会公平地问：这种伽达默尔式的观点，对于历史的真理，是否并没有他那种历史相对主义的含义，即暗示了历史的真理不会超越历史的文化，只在特定的历史文化中显露出来。对于大部分评论者而言，伽达默尔明显被困在了这种相对主义困境中。但他们要是正确，就会出现一个与事实不一致的讽刺事情，因为伽达默尔明确地为阐释学提供了一种克服"历史主义瓜葛"的方法，这种瓜葛折磨了诸如威廉·狄尔泰与恩斯特·特勒尔奇（Ernst Troeltsch）等史料学家。伽达默尔认为这些思想家是值得称赞的，因为他们理解到了视界角色的普遍性与深度，但是他也批评他们，因为他们没能理解到视界的形式是怎样开放的。**视界的开放性——当然是有限的开放——使真理得以再发现、再形成，从而为真理的永恒提供了空间。** 在这种开放性中，存在相同与相异的混合，但只有在二者的结合中，真理才"再次向我们说话"。

这里还有一个可能的类比（虽然这个类比一点也不完美），就是关于阿尔伯特·爱因斯坦（Albert Einstein）的例子。爱因斯坦对于理论物理学的主要贡献便是相对论，但没有人会用 relativist 这个词的通俗意义，来谴责他是"相对主义者"。为什么没有呢？这是因为爱因斯坦虽然否定适用于宇宙中一切运动的单一通用参考系的存在，但他确定了物理定律在跨惯性参照系时进行转换的法则。通过类比，我们可以说阐释学是跨越多个视界的转换行为。但是转换是复杂的，单凭一组规则是不够的；转换的方法必须通过一番努力才会被发现。

我们还可以拿苏格拉底对话的特点，做个（更加合适的）

类比。苏格拉底开始一段新的哲学对话时，总是带着极其清晰的思路和孩童般的热情。讨论的问题可能已经在苏格拉底的脑海里考虑很久了。但他总是欢迎接受教导与接受反驳的机会。很多情况下，这些场景有点喜剧的气氛在里面，因为读者一下子就看到，苏格拉底的对话者很困惑，没什么可以教苏格拉底的。但不要因此怀疑苏格拉底的真诚。对他来说，真理不是那种一旦形成，永不存疑的观点。相反，真理之所以成为真理，是因为它在面对新的洞悉，在与持不同观点的人们进行对话时，经历了一遍又一遍的检验。苏格拉底确信，真理只存在于对话中，这给了他一种直觉：经常与多个视界的现实进行斗争，这是必要的。

此外，伽达默尔对相对主义的反对还表现在，他提出：我们对真理的理解只是局部的；只要提一个显而易见的概念就够了——作为人类，我们就是有限的。对于真理，如果有一种统一性与恒久性存在，那是因为我们在很多环境里把真理当成是相同的。但对于那些环境，真理具有无限的可变性。这意味着总有一种理解，在这种理解下，真理是无法被我们控制住的。这个论述或许有点悲观，但在这有限的可能性中，有样东西是我们喜欢的。那就是当一个作品如此有价值时，我们就为它冠名为"经典之作"（Gadamer 1990b，287）。人们可以一次又一次反复地求助于经典之作，在不被怀疑的地方找到前进的办法。这样，经典之作似乎可以永无止境地发展出相关的变化。

建筑理论中的阐释学与历史学

每一个建筑理论家都必然想要解决建筑与建筑历史之间关系的问题。由于现代主义建筑努力与过去决裂，这个问题因而变得更加棘手。很多这类理论家的研究与伽达默尔相关，虽然他们不一定有意或公开地借用了伽达默尔的思想。

卡斯滕·哈里斯将西格弗里德·吉迪翁（Sigfried Giedion）的宣言作为他的起点，吉迪翁声称建筑的任务是"对我们时代行之有效的生活方式的解释"（Harries 1997, 2-4）。这显然引出了两个问题："建筑是怎么解释的"，以及"什么样的生活方式对我们这个时代才是行之有效的"。**哈里斯的结论是，建筑通过体现文化气质来实现解释，这里的文化气质是一种遍布于一个社会多种行为的性格与精神。**对此，他称之为建筑的"伦理功能"。哈里斯发现海德格尔的存在阐释学与此密切相关，因为尽管海德格尔的阐释学太过原创、太具争辩性，而不能被看作传统性的，但他的阐释学完全专注于整个哲学历史上都被回应的问题。在海德格尔那里，人们发现也许有新方法能够说清建筑中意义的深度，这就是诗的语言，诗的语言谈及人的生命在这个世界上最根本的主题。海德格尔的系统阐述呼应了这一主题中的传统问题，而没有重复宗教信念和对历史的玄学假设。于是在这方面，海德格尔揭示了建筑以何种方式对当前具有解释性。

然而，海德格尔为建筑指引的方向具有一定的局限性。海德格尔的思考总有他自己的哲学目标，他讨论建筑意义的目的，不是要提出一种建筑哲学，而是要把建筑的表意方式用到他更上层的哲学议程中，去思考存在的意义。此外，海德格尔所用的例子——希腊神庙与黑森林的农屋，并不涉及哈里斯着手要解决的当代问题。事实上，它们暗示了一种浪漫主义，只是为了反对现代主义，而且还因为对纳粹思想随声附和，而显得令人惊恐（Harries 1997, 157-166）。

挪威建筑历史学家、建筑理论家克里斯蒂安·诺伯格－舒尔茨（Christian Norberg-Schulz）（1926—2000年）

的著作，在将海德格尔的短暂尝试拓展运用到建筑问题上，起到了很大的作用。在例如《场所精神：迈向建筑现象学》（Genius Loci）、《居住的概念：走向图形建筑》（The Concept of Dwelling）等著作中，诺伯格 – 舒尔茨一开始讲的是：海德格尔论述像桥这样的建筑创造物是如何"集结"环境意义的，然后诺伯格 – 舒尔茨把这些例子当成是线索，提出关于在任何历史环境下场所精神的问题。从海德格尔的起点出发，诺伯格 – 舒尔茨继续对具有象征意义的类型进行探索，例如路径与场所、地面与天空、人类栖居环境在景观中的定位、当代栖居环境对景观的添加。每种类型都富有意义，对这些形式的类型学研究，旨在把意义功能赋予所有建筑，将"栖居于这个世上"的感觉还给设计和建造的所有方面。这个方法的另一个特点是，要找回建筑在"形象"方面的内容。传统建筑的形象与形状，与人在环境中的体现紧密相关，因此就不奇怪公众在理解 20 世纪建筑类型时，为什么会有困难，因为这些建筑抛弃了传统的那些形象（Norberg-Schulz，1979；1985）。

52

然而，戴维·莱瑟巴罗（David Leatherbarrow）认为，要像诺伯格 – 舒尔茨那样，根据形象要素来确定今天与历史之间是连续的，这就等于把建筑简化到了风格问题上，只看到建筑向实践者提出的统一性要求，而没有看到多样性要求（Leatherbarrow 1993，80–81）。比起诺伯格 – 舒尔茨，莱瑟巴罗对人类与建筑的关系更感兴趣，更专注于建筑的历史，他要寻找的连续性不在特定的形式上——那是结果所呈现的，而在于他所执着的、建筑为了满足人类需要与渴望而必须解决的问题。相同一套问题可以产生不同外观的方案，然而在结果上这些方案具有一定程度的等价性。**在一座房子所处的时代背景下解释这座房子，需要找到一系列以这所房子为答案**

的问题。这些问题包括，如何确定这所房子的位置，如何考虑适当的围合，如何实现材料的潜质，等等。这里，莱瑟巴罗举了一个生动的例子，即阿道夫·路斯在维也纳圣米歇尔广场的著名建筑"路斯楼"（图 6）。这个建筑曾经激起人们的愤怒，因为它选择了清晰的线条，而没有采用装饰；选择表现材料的内在美，而没有将材料做成装饰物。这种愤怒的前提是，人们将建筑的品格与视觉上的样式风格画上了等号（1993，58）。同样是面对传统的问题，"路斯楼"周围比它更老的房子是通过装饰来解决的。人们没有看到"路斯楼"在解决这个问题时的重要办法——通过这种办法，"路斯楼"表达了一种相容的解决方案。

53

图 6　阿道夫·路斯，"路斯楼"，维也纳圣米歇尔广场

根据这些主张，可以看到莱瑟巴罗的特点是，在处理建筑中历史与今天的关系问题时，采用了更加伽达默尔式、而非海德格尔式的方法。在一定程度上，莱瑟巴罗通过如下的坚持，回应了伽达默尔对于现代艺术和实验艺术的开放态度，他坚持：如果有一种认识，能够让我们理解并支持一件建筑作品，那么这种认识不是显而易见的。在与作品建立起联系前，就需要介入作品。在这种人与作品的互动中，人们最终会理解，需要的不仅有建筑所依靠的传统，还有让建筑具有独一无二个性的创造力。正是介入了作品创造力的源头，一种对作品深刻的、个人的理解才会显现出来。

54

莱瑟巴罗的书《非比寻常的土地：建筑、技术与地貌》（Uncommon Ground）审视了建筑设计中，视界角度下地貌观念的历史变化，由于从哲学角度使用了伽达默尔的"视界"概念，结果十分有趣。例如，莱瑟巴罗观察到：建筑师如果能与视界的作用相互协调，可以帮助他防止对有限空间进行过度设计。视界锚固了一块基地，并有助于将它定义成一个场所，但它也将这块地引向更远的地方，超出了邻近范围。视界的意义，部分在于它隐退其中，通过这样做，它打破了在过度设计的环境中严格的一致性（2000，159，173）。此外，莱瑟巴罗的兴趣还在于：视界对设计发生了怎样的作用，这一作用具有怎样的历史。他之所以对此感兴趣，部分原因在于他思考一个问题：在建筑历史中，现代建筑实践如何能将有活力的元素发扬光大。在一段陈述中，他带着特别伽达默尔式的口气说："传统要么在那些对现在来说已经逝去的地方，表现已经死去的信念，要么在那些显示出仍然相关的地方，表现依然存活或再次赋予生命的信念。"（275）阿德里安·斯诺德格拉斯（Adrian Snodgrass）与理查德·科因（Richard Coyne）在立论时，甚至更加公开地利用了伽达默尔的思想。

伽达默尔为他们提供了一种解释，对历史进行思考的解释，而设计行为必然也要对历史进行思考，但伽达默尔也提供了如何确定、培养这种历史思考的方法，有了这种方法，历史的思考就不只是回应过去，还为洞悉今天与未来指出了方向（Snodgrass and Coyen 2006，131–146）。

宗教建筑的阐释学

宗教建筑一直以来都是艺术史学家关注的焦点，因为它们象征了人类在宇宙中的位置，象征了宗教建筑朝向超凡世界的指引。宗教建筑是与理解行为最为相关的建筑形式之一，在宗教建筑里，文化通过建成环境得到清晰的表达。近些年来，对宗教建筑进行解释的现象学在方法上不断发展，这里面就有伽达默尔著作的重大影响。艺术史学家在探讨历史作品时，面临的挑战是他（她）所研究的作品既是历史的遗物，又是艺术的作品。把作品当作艺术来体验，需要利用一个人自己的视界；但是根据作品原初的视界去理解它，需要打开不同的、甚至可能相异的视界。这个问题将艺术史学家置入了阐释学的典型处境：如何尊重视界中历史的差异性，同时又要道出作品在历史的延续性中所表现出的力量与关联性？

对于这个问题，我们应该搞清楚伽达默尔思想中一些相关的基本内容。至少，要解决这个问题，不能站在文化自我解释的立场上，不能站在历史的运动之外，就像很多人所做的，对象征方式与象征的原型进行分类，发展出分类的方法。虽然这种方法对于识别分类模式、彼此的相似性以及历史潮流可能会相当有效，但分类方法只是将其他视界的意义纳入研究者自己视界的分类中，它揭示了多少也就隐藏了多少。**象征着历史的宗教符号如果像蝴蝶一样，被钉在了标本样板上，**

它们就不能再对我们讲话，不再真正起到象征的作用。而浪漫主义时期的方法是试图想象创造这些象征符号的人是怎么去体验它们的，这受到了伽达默尔的批评，他认为这种方法不过是一个很大程度上伪造出来的构建行为——再者，这个方法是研究者用自己的视界打造而成的，不是通过与其他视界相遇形成的。

因此，在林赛·琼斯（Lindsay Jones）和托马斯·巴里（Thomas Barrie）的著作中，我们看到他们企图遵循一种阐释学的"中间立场"——基于该立场，他们从事正规的历史分析，但在适当的地方又带着伽达默尔式的期许来做历史分析——尤其是，理解不是可以拿来被探究的，而必须是从探究中浮现出来的，以及在对话中如果愿意将自己的视界置于对方的审视之下，接受对方的挑战，他们期望符号的意义能够在这种对话的指引下，自动浮现出来（Jones 2000; Barrie 2010）。

56

当今设计中建筑的历史表达

即使是最纯粹的现代主义建筑师，他们也会把目标设在与历史的某种连续性上。例如，国际式的纯粹几何体可以看作古典形式的净化。古代建筑师只有做梦才会想到的纪念性，可以在现代摩天楼壮丽的外观上得到实现。古希腊法院建筑、广场建筑 ① 象征的民主，可以在模数设计中得到更加直接的体现，因为模数设计把住宅空间分配给了今天的普罗大众。虽

---

① 即"forum"。原作者可能误写成古希腊了，"forum"是古罗马的广场，古希腊的广场称为"agora"。一则希腊现有的一些"forum"遗迹大多是古罗马时期遗留下来的；其次"forum"一词从词源上说也与古罗马相关（出现在15世纪的拉丁语中）。——译者注

图7 三一教堂与约翰·汉考克大厦，波士顿

然这种带有历史意向的企图不难被找到，但到底有几分是成功的，很难定论。现代主义企图在人与建筑的互动上唤起对建筑的认知，但很多这类想法没有达到预期的目标。很多建筑仍然受到人们的漠视或者鄙视，或者饱受争议，甚至建成后几十年还是这样。位于波士顿科普利广场（Copley Square）的约翰·汉考克大厦（John Hancock Tower）就是一个有名的例子，它是由亨利·N·科布（Henry N. Cobb）以贝聿铭及其合伙人建筑事务所（I. M. Pei and Partners）为名设计的。大楼紧邻H·H·理查森（H. H. Richardson）的三一教堂（Trinity Church，建于1872—1877年），后者明显采用了欧洲建筑元素，把具有强烈代表性的传统设计元素改变成了各种新的变体，努力表明对欧洲遗产的一种明显美国式的挪用。科布1976年设计的这幢办公大楼采用了完全不同的手法来反映历史，它通过玻璃幕墙反射三一教堂的立面。随着塔楼的上升，它反映了天空，延续了教堂直指天空的尖塔线条（图7）。批评者们认为，在这样一种环境下，现代建筑绝对不合适，它破坏了古老场地的整体性。而支持者们认为，这类建筑提供了另一种整体性：一种诚实的主张，我们在参观历史场地时，不可避免地以现代人的身份来游览，我们是用现代的眼光看历史的建筑。

现代与后现代的建筑师都大量而明显地参考了历史建筑。传统的风格对于住宅仍然很受欢迎，新城市主义就不抵 58制它们，而是充满了这些风格。我们可以想到很多建筑师，例如菲利普·约翰逊（Philip Johnson）、迈克尔·格雷夫斯（Michael Graves）、罗伯特·文丘里（Robert Venturi）和查尔斯·摩尔（Charles Moore），他们在20世纪80年代开始大量引用历史的形式，用游戏甚至讽刺的方式来组合、夸大装饰要素（图8）。很难说这类风格的建筑师对历史的兴趣有多少真实性。这类建筑既可以迎合公众传统主义的情感，也能同时向现代主义情感标识自身的现代性。不过我们怀疑，它们所追求的是否一种现代与历史的合成，或者相反地，是对这两种期望的共同逃避。

在斯蒂文·霍尔 1997 年的建筑作品西雅图大学圣依纳爵小教堂（St. Ignatius，图 9）中，有一种与上述例子非常不同的东西有效地将历史联系起来，它非常明显地带有阐释学意味（Holl 1999）。在这个设计中，霍尔的目标是赋予现代的东西以人性的意义，而不是将二者分开。这个建筑的功能需要在设计上富含象征主义，能够反映出天主教悠久的历史传统，这不仅反映在仪式上，也表现在建筑本身。最终建成

图 8　迈克尔·格雷夫斯，波特兰市政厅

建筑的现代风格能够一眼就打动人，现代风格体现在建筑底部极简的矩形、由此形成的简单围合，以及映射在倒影池中的几何体。混凝土墙体的限制与屋顶轮廓线雕塑般的自由形成平衡，甚至在对建筑的第一印象中，二者就创造出富有动感的张力。霍尔在生成平面之前，通过绘制水彩画来想象建筑中的运动体验，他优先考虑了建筑与身体的关系，以及人在探索建筑时视景的展开。人手的作用被很明显地结合到了众多手工艺中去：入口大门、圣坛和洗礼盆采用了经敲击捶打的松柏材料，墙面采用了手工抹灰的肌理，照明采用了吹制的玻璃（图 10-12）。当视线落在这些表面上，人们就会开始觉得与很多人相遇。历史的联想可能并不会立刻打动人，但

图9　斯蒂文·霍尔，圣依纳爵小教堂，西雅图大学

图 10　圣依纳爵小教堂　　　　　图 11　圣依纳爵小教堂

是会随着人与建筑的互动逐渐浮现出来。在混凝土的斑迹中，我们看到了罗马教堂的暖色调，在双手碰及沉重的外门时，同样想到了那些教堂。彩色玻璃被审慎地加以使用，光线经由这些彩色玻璃，通过后面上彩的表面往室内反射，这些表面对于室内来说均是隐藏而看不到的，彩色玻璃结合上彩表面在开放平面里，为不同的区域赋予了不同的性格，创造出和谐的色彩氛围。由于空气中悬浮着色彩，它让人想起了现代主义时期之前的教堂所具有的那种静谧气氛，正如窗户内各种色彩的形状，或者墙与地面上泼溅的斑点令人想到十足的至上主义绘画一样。虽然天花板的拱形没有直接模仿传统的拱顶，但上升的拱形带着与传统拱顶一样的渴望。还有祭坛的支腿，虽然从很多角度看似乎都很有个性，但从正面看，却显现出了 α 与 Ω 的形状。在这些例子中，人们感觉到了历史以一种共鸣的形式存在于现代之中。贯通历史的感知增加了作品的深度。随着建筑细部逐渐被人们所熟悉，这种深

度逐渐展示出来。**在这种逐渐展现的认知环节中，人们有一** 61
种发现的体验，发现过去留给今天无尽的标识。这种体验，
或类比或象征了人对历史作用逐渐显现的领悟。

　在这个建筑中，抽象的形式成功地强调了作品中具有多
种意向的可能性，就像大多数抽象艺术一样。这种丰富性部
分来自于对官能方面的强调。每个表面都有自己的个性，对
空间整体的活力又起到了一定的作用。这种效果的关键在于：
设计工作自始至终都围绕着描述与比喻展开。早期的灵感来 63
自一张建筑师的手绘图，在一个石头表面的方盒子里放进了
不同颜色的玻璃管，它反映了光从天而降的经典象征性。又
比如，我们处于建筑之中，会有一种置身水上的联想，抛光
的混凝土地面闪烁着微光，升起的白色墙翼有如鼓起的船帆
（图 13 ）。部分设计特征还以极具暗示性的手法，借用了圣依

图 12　斯蒂文·霍尔，圣依纳爵小教堂

图 13　斯蒂文·霍尔，圣依纳爵小教堂

纳爵的生平意向以及属于他精神教诲一部分的假想的宗教仪式。通过这些方法，小教堂联系的不仅是视觉的、建筑的传统，还有宗教的、诗的部分。正如这些暗示联系着西方天主教传统一样，小教堂的冥想空间与其他宗教传统的联系也绝非遥远。例如，在简约的、几何形的倒影池里只放了一块石头，这令人想起了禅宗的枯山水。通过这些方法，很多古老的历史在这个"非传统"的场地里得到了回响。

科学时代的人文主义

当七十岁高龄的苏格拉底端坐在雅典古城的监狱牢房中，等待执行国家判决时，他在一些最亲密的伙伴陪伴下，思考了自己追求智慧的一生。在柏拉图的故事记述中，苏格拉底描述了年轻时他是怎样强烈地痴迷于自然奇观，并且贪婪地阅读着哲人的书籍，了解他们关于宇宙最深处是如何运行的解释。但他立刻就对这些哲学家灰心了，因为他们描述的宇宙是一个纯粹机械的系统。在这个机械的宇宙中，解释行为与人类的理解、意图无关；解释中的美丑与人类理解的善恶无关。甚至阿那克萨哥拉（Anaxagoras）说"思想"引领万物，其结果还是用一批无需动脑的机械操作行为，阐述了他的这一主张。苏格拉底被投入监狱，是因为雅典的陪审团判他不虔诚，败坏了城里的青年，但是他待在监狱，也因为他拒绝了朋友为他安排的出逃计划。然而，一名自然论的思想家会如何解释他的这一行为呢？

（他会）说我躺在这里的原因是我的身体是由骨头和肌肉组成的，骨头是坚硬的，在关节处分开，但是肌肉能够收缩和松弛，肌肉和其他肉一道包裹着骨头，而皮肤把它们全都包起来，由于骨头能在关节处自由移动那些肌肉，通过收缩和松弛使我能够弯曲我的肢体，这就是我能盘腿坐在这里的原因……但就是不提起真正的原因。这个原因就是，雅典人认为最好宣判我有罪，而我也认为最好坐在这里，更加正确地说是待在这里接受雅典的任何惩罚，无论这种惩罚是什么。为什么这样说呢？
凭神犬的名义发誓，因为我想，如果我不认为待在这里
接受雅典的任何惩罚比撒腿就跑更加光荣，如果我的这
些肌肉和骨头受到何种状态对它们最好这种信念的推动，
那么它们早就去了麦加拉或波埃提亚这些邻邦！把这些
东西也称作原因真是太荒唐了。[①]

（ Plato 1997，85[98c-99a] ）

这是伽达默尔特别喜欢的一则故事，他在写作中经常提
到它。他注意到，苏格拉底是这样描绘他理解世界的新方法的：
从机械的方法向用语言述说事物的方法的一种转向，也就是
柏拉图学者所谓的"向**逻各斯**的转向"（ turn to the *logoi* ）[②]。
语言类遗产包括了意义可以解释的全部领域——从纯物理的
到完全人文的，从关于人类体验的讲述到诸神神秘的语录
（ Gadamer 1980，32-35；1986b，24-26；1990b，456；
1998，ch. 5 ）。

**探究者无论被自然还是被语言所吸引，都有一个共同的
原因：就是要搞懂体验过程中事物显现出的模式是怎样形成
的。**为什么星星以它们的模式运行？为什么全世界的火都以
同样的方式燃烧？为什么我们说公正应该平等地适用于每一
个人？通常，理解就是对模式的一种领会，没有模式的结构，
什么也理解不了。在这件事情上，我们又看到了抽象的积极
作用。识别模式所必要的语言与象征，是从具体的事物中抽

---

① 本段翻译摘自《柏拉图全集》第 1 卷之"斐多篇"，P107，王晓朝译，人民
   出版社，2002 年。最末一句"这些东西"，原翻译有脚注，指的是"越狱逃
   跑"。——译者注
② 柏拉图并未使用逻各斯（ Logos ）这个概念，但人们认为柏拉图思想中的"理
   念"就可以视作逻各斯概念的变种，而晚期希腊一些哲学思潮里，直接把逻
   各斯看作柏拉图所说的诸理念的统一。——译者注

象出来的。现象中具体存在的某些东西会在抽象的过程中丢失掉，但获得的是某种程度的理解，而这是用别的方法所无法获得的。理解的这种可言语性使得它能够被交流。

在苏格拉底的自传当中，也流露出对某些抽象行为及其结果相当的怀疑，伽达默尔认为这种怀疑一直存在于现代科学文化环境中。该书的一个怀疑是：对现象进行自然主义描述时所采用的机械论假设。对于苏格拉底来说，最重要的是，如果要思考人类生活，则必然需要对精神进行论证与判断，而机械论解释对于精神上的论证与判断没有作用。伽达默尔认为，关于科学理性局限性的这些怀疑，自苏格拉底时代以来的两千年中，一直是中肯的。虽然今天我们所从事的科学已经变得无限精妙，但哲学家的怀疑仍然存在：自然科学的方法能否自称它权威地道出了人类的生活？科学用于产生各种技术的有效推理是否能够用于组织人类的相互作用？伽达默尔倾向于以否定的形式回答这两个问题。发生在自然科学中的关注狭隘化与对象客观化[①]，限制了自然科学在人类事务中的解释力量，并且，一旦社会的条理性是建立在客观的基础上，人类的自主与自由将面临严重的威胁。

这些担忧在建筑理论里并行出现。建筑中，现代主义的产生是由材料和工程技术的创新带动的，它达到了一定程度，以至于主流观点开始认为，设计工作就是调整审美以适应技术，而非相反。这种思潮带来了一大堆持续的问题。例如，对建筑功能性与机械性的强调，渗透着对技术革命**自身**的象征，是否打断了建筑与人文主义的联系，以及与建筑的历史身份所具有的人性特征的联系？与这个问题相关的是社会工程学

---

① 根据原句语法，应译为：那些关注的事物以及那些发生在自然科学中的对象客观化，二者的狭隘化限制了……。怀疑原句出现语法上的笔误，故作调整。——译者注

（social engineering）问题的一个建筑学版本。建筑被大范围地用来重塑人类社会，建筑师创造出了理性城市的宏伟景象。但建筑在这方面是否做了它的本职工作，还是在迷恋技术的时代传奇中被扫地出门？

自然科学理想出现时的人文主义

柏拉图与亚里士多德发展起来的关于形式的哲学，是对他们那个时代机械论哲学的挑战。在欧洲历史上，文艺复兴与启蒙运动时期再度兴起自然科学的思想，反过来又对柏拉图与亚里士多德的思想进行挑战。一些作者如伽利略（Galileo）、笛卡尔、培根和托马斯·霍布斯（Thomas Hobbes），提出了十分中肯的指责，反对学院派思想家继续以古希腊教义为科学基础而出现的教条主义、错误的观察、实验的缺乏、欠发展的数学以及朴素的拟人论。但这种批判也一味危言耸听，他们表达了想要拆毁整个西方知识体系、重新开始一切的愿望（Bacon 1960，106-110；Descartes 1993，4-5）。**抵制在科学解释中将无生命的物体以人性的拟人化，这是一件大事情，它定义上区分了"人文"与"科学"，为二者的对立设立了条件。**但这些辩论掩盖了一个事实，那就是培根和笛卡尔为了说明人的卓越与价值，大大利用了以前的传统。他们想用科学来取代哲学，但当他们在描绘人的智慧具有神一般强大的力量，以及技术发展的道德规则时，他们同时又像过去的哲学家那样说话。

19世纪、20世纪出现了思想上的实证主义学派，他们因支持自然科学，而消除了这种模棱两可的状态。之所以称它为"实证主义"，是因为它将实证科学当成唯一或终极的理性权威。正规的数学与经验的方法被认为是获得可信答案的唯一途径，这意味着：任何科学不能解决的问题，都只是因为不能用理性去解决而已。解决不了的这类问题包括道德的价值问题、现实的本性问题，以及关于精神与神学的问题。对实证主义的拥护，自然得到了不同程度的延续，以至于我们经常发现，今天的科学家会毫不迟疑地用纯理论的神经生物学或进化心理学解释各种人类行为。当代实证主义经常保留一种主张，认为只有自然科学推理才有道理，但自然科学推理能做的有限，对它的极限避而不谈已经变成了一种更大的鲁莽。

伽达默尔的思想反映了很多思想家对他的影响，这些思想家包括康德、黑格尔、胡塞尔与海德格尔。他们尊重现代科学，但拒绝它具有排外性的权威。康德主张：精确的牛顿宇宙，与相信人类伦理具有理性的完整，二者相互兼容。黑格尔将形而上的逻辑与自然中被科学揭示的结构融合在一起，他的努力表现为哲学在这方面的最后一搏。胡塞尔为了恢复哲学的科学完整性，批评实证主义在认识论上未经质疑即被采纳的假设。海德格尔经常承认科学的位置，但挑战技术以一概全、"框"住世界的方式，为了对抗这种作用，他试图恢复人类栖居于大地、具有诗意的基础。

伽达默尔带有所有这些哲学家的印记，但他的思想从不与其中任何一位相同。在他的大部分哲学生涯中，伽达默尔对自然科学的主要不满是：自然科学的方法论排斥任何阐释学方面的意识，以此攻击那些**确可**使用阐释学方法的学科所具有的合理性。为了反对实证主义，伽达默尔将自己定位为人文主义合理性的捍卫者，以各种方式来揭示人文主义的知识是如何被轻视的。从这个观点看，康德似乎给牛顿太多的权威；黑格尔想找到自然科学与纯哲学的结合也过于乐观；胡塞尔太过希望让现象学像一门严格的科学；即使海德格尔——在这件事情上，伽达默尔可能与他最贴近，这位哲人也受限于自己的学术研究方向，将替代科学主义的方法定位在对存在的纯思考上，这种思考本可以更好地恢复人文主义的传统，但却因为反对这一传统中与存在相关的成分，而最终背道而驰（Gadamer 1976，ch. 8 and 9；1992，128）。

在《真理与方法》的后记中，以及后期对自己思想之路的反思中，伽达默尔承认，他对自然科学的批判具有某种片面性。当时，他如此急切地指出科学方法的运用缺乏自我反省性，以至于没有充分承认科学在自身范围内的合理性（1990b，551-561；1997，40-41）。但面对来自自然的、社会科学的方法论权威时，伽达默尔始终将自己的基本角色描述为一位拥护者，拥护人文主义，拥护阐释学具有可以让人文主义得到恢复的潜力。在一篇他承认自己早期思想具有局限性的文章中，他也写道：

> 正因为哲学不能用现代自然科学来检验，作为哲学的阐释学确实没有从现代科学那，学到像从悠久传统那学到的那么多东西，对于这点，阐释学需要回想起来。
>
> （1997，30）

建筑的现代性与伦理功能

自然科学兴起对建筑实践产生的影响，这是某些吸取了海德格尔、伽达默尔思想的建筑理论家的核心兴趣所在。例如，韦塞利分析了"分裂的再现"（divided representation）[1]，这

---

[1] 对于"divided representation"有兴趣的读者，可以参考韦塞利（Dalibor Vesely）本人写的《Architecture in the Age of Divided Representation: The Question of Creativity in the Shadow of Production》；或者《现代性与再现的问题》达利博尔·韦塞利著，张博远译，周渐佳、周希冉校，《时代建筑》2015/5。——译者注

个概念就根源于自然科学的这段历史。历史上，随着建筑的解释与建筑学教育最终迷上建筑物的纯几何形，随着工程上的突破带来了简单性、有效性的理念，随着空间、时间、体积、透视和外观最终被看作量化的术语，设计中的象征与诗意变成了肤浅的东西，它们被挤到了建筑表皮之外，不被看作本质的东西。韦塞利与佩雷斯－戈麦斯确定出现这一分裂的重要时刻是 19 世纪早期，即实证主义发展成一种基本世界观的时候。佩雷斯－戈麦斯还详细论述了这个时期之前以实证主义为方向的发展运动，并一直追溯到关于维特鲁威柱式的早期争辩。根据他的观点，随着实证科学主义最终控制了建筑实践的文化，建筑所失去的，是在维特鲁威时代对建筑的解释来说最核心的内容，那便是人文的与诗的意义，它的根深深地扎在神话与文化故事的传统中，这种意义指引着设计的过程，让建筑与功能、与场所相适应（Pérez-Gómez 1983）。和伽达默尔一样，佩雷斯－戈麦斯认为，以往的神话学与仪式必须被回想起来，但肯定不是放在它们自己的文化背景下被回想起来，因为一个人不可能回到过去的文化背景下，好像他可以把闹钟的时间回调，可以忘记曾经出现过现代性似的；神话与仪式必须在当代文化场景中被回想起来，必须把它们看成是我们传统中具有诗意的部分，能在当代文化场景中以新的辉煌发出回响。**今天我们对建造的强烈渴望，可以说是受到了一种厄洛斯（eros）**①**爱神式的鼓舞，这种渴望来自于我们感觉到自身的不完整，这和历史上其他时代没有什么差别。**在这个充满渴望的社会中，人们渴望能够将遍及世界、跨越历史的各种创造精神联合起来，也许可以找到一种方法，能

---

① 厄洛斯，希腊爱神。这里文字的喻意是：建筑里因为缺乏诗意等内容而显得不完整，就像人们在爱情中感受到自身的不完整性一样，因而促使我们对建造的渴望。——译者注

对付今日建筑特征中的分裂问题（Pérez-Gómez 2008）。

肤浅的美学与实证主义的结合,造成的是建筑"**精神特质**"（ethos）的丧失,这里我们借用了卡斯滕·哈里斯的一个术语——"**精神特质**",它是在建筑中各种品质的充分融合,既要让建筑具有规范的性格,又要让建筑具有解释的力量。虽然,建筑在这个意义上的**精神特质**（ethos）要比道德哲学意义上的"伦理"概念（ethics）意思意思更广,但哈里斯表明,建筑的规范力有时就是表现出道德伦理的责任性来。培根与笛卡尔推动了现代主义,使它不像传统主义那样受到蒙蔽,成为一条走出传统主义的道路,而类似地,阿道夫·路斯与勒·柯布西耶抵制传统风格的装饰,把它们看作精英主义的陈腐象征、一些堕落的幻想（Harries 1997, ch. 3 and 4）。现代主义在效率上、复制性上、尺度上具有史无前例的力量,它让每个社会成员都有可能工作并居住在一个卫生的、充满阳光的房子里。大众已经能够欣赏汽车、飞机、轮船设计中的流线型,随着他们学会欣赏现代大楼设计里的流线型,他们的美学感受会与摩登时代进步的社会理想相协调。

通过强调现代主义的道德性,哈里斯的分析揭示了当前建 71筑的紧张局势。现代建筑的道德规范设置了巨大的障碍,谁也别想回到历史风格上去。任何这种企图都会受到指责,不仅仅说它是美学的怀旧,更有甚者会说它是一种缺乏社会责任感的倒退。但当现代主义的道德规范在实践中大显身手的时候,它并没有实现一开始想要的和谐。大部分人在现代主义建筑上找不到早期拥护者所看到的那些意义。技术的责任性就其本身而言,在很多方面已经走到了尽头,它就像古典原子论者幻想的构造行为一样,似乎将人类的意图只放在建造伟大宇宙机器的需要上。

如果当代理论家们想要说清楚:现代主义建筑中错综复杂

地融入了多种动机，那么可以公正地说，勒·柯布西耶在这方面一直是一个绝好的例子。虽然勒·柯布西耶写过一些语气尖锐的宣言，来反对建筑中的传统主义，但他极端现代的作品无时无刻不受到一种带有人文意义的工业标准化的启发。他的设计对现代工程学的胜利有多少的赞美，就有多少的分量反映了画家的视觉敏感性、雕塑家的空间想象力以及一个诗人在象征性上的独创性。诺伯格-舒尔茨严厉批评了现代主义建筑中场所的丢失，但是他经常引用朗香教堂的例子来说明：建筑的"意义-功能"能够出色地融入现代主义建筑的语汇中（Norberg-Schulz 1979，ch.8；1985，88；2000，107-110）。然而，他认为勒·柯布西耶解决问题的方式是特殊的，难以重复。阿尔瓦·阿尔托（Alvar Aalto）与路易斯·康的建筑理想与勒·柯布西耶相关。事实证明，他们可以代替勒·柯布西耶而成为一个好榜样，对建筑系学生与建筑师来说，他们的作品更易于传授。

卡斯滕·哈里斯认为，勒·柯布西耶观念中的多面性可以用来说明，为什么他在处理功能问题时具有本质上的矛盾性。一方面，勒·柯布西耶认为工程美学远远领先于建筑师的美学，但另一方面，建筑又不能只交给工程学去设计；建筑师应该做些比实用性更高等级的事（Harries 1997，235-6；Le Corbusier 1986）。佩雷斯-戈麦斯仔细地思考了勒·柯布西耶的拉图雷特修道院（Sainte-Marie de la Tourette），赞扬了勒·柯布西耶能够用一种完全现代的语言，实现诗意般共鸣的才华。

72

建筑的意义，在我们主观间的空间（intersubjective space）里，就如在一个充满隐喻的空间里一样，呈现为一种对不能简化为语言、却仍然期望用语言命名的东西的识别。今日世界虽然充满了电子媒体与电子模拟，拉图雷特（修道院）却仍然表明：它有可能成为一个参与性的、不可简化①为语言的建筑表述（representation）；一座具有文化意义的建筑……

（Pérez-Gómez and Louise Pelletier 1997，368）

这样的例子很多，因为任何人，只要研究现代主义建筑的意义，就很难忽略勒·柯布西耶。他的作品代表了一种开放，一种面向可能性世界永远的开放。这些例子为激进而又整体的建筑想法树立了丰碑。我们不能说柯布西耶的建筑想法就是明确的解决办法，因为它里面反映出大量的内部矛盾，又比如，当它想要将粗野主义的美学变成主流时，大众对此却褒贬不一。**但大部分勒·柯布西耶的建筑都清楚地表现出伽达默尔所认为的"经典"作品的属性。**我们可以多次回到这些作品中去，寻找深层次的、出乎预料的关联与灵感。这些作品在局限与失败上，与它们的成功同样具有启发性，随着对它们批评的增加，它们的地位丝毫没有被削弱，反而激起了人们更多的兴趣。

阐释学与社会的理性化

促使社会学、政治学的理论家讨论伽达默尔的阐释学，这得归功于于尔根·哈贝马斯。在哈贝马斯早期却仍具影响力的著作《社会科学的逻辑》（The Logic of the Social Sciences，1988）中，他指出以第三人称对人类生活进行的众多解释是社会科学的产物，而在人文科学、艺术、传统历史描述中，主要用第一人称的解释，哈贝马斯关注的焦点是

---

① 根据对佩雷斯－戈麦斯与佩尔蒂埃思想的一些介绍看，这里的"简化"大约指的是建筑向视觉语言的简化。——译者注。

73　要说明两种解释之间具有必然的联系。这里我用"第三人称"，指的是一种用来探索社会互动模式的方法，这种社会互动表现出跟参与其间的人的意识相当无关的规律性。与自然科学一样，社会科学方法所要揭示的东西对于常规意义的体验来说，或多或少是难以察觉的，因此如果用第一人称来写报告，那些要揭示的内容可能会被掩蔽。在社会科学中，用第三人称视角的目的几乎已经等同于客观化，大部分社会科学杂志的文章都努力表现出：它们的研究仿佛是以严格控制的科学实验方法来进行的。

哈贝马斯以实证的自然科学为榜样来研究人文，却发现了一大堆的问题。在模仿化学家或生物学家的过程中，一个人会轻视某些事物对于解释具有必然的作用，例如问题框架的形成、数据收集工具的创建、数据有效性的说明。在结合第三人称的结果和第一人称的体验时，会遇到很大的困难，因为一个人真的不可能超越贬低自我的状态——从一开始体验就被赋予了这种状态。这样一来，他用客观化的解释框架过滤数据，而正常情况下，这种框架不会（明显也不能）对自己提出质疑，因为这根本不"科学"。

哈贝马斯论证道，伽达默尔的阐释学通过指出，解释的力量在整个社会科学的努力中必定无处不在，而调和了社会科学中过度的实证主义。伽达默尔指责说，经验主义没有办法或法则可以让人脱离文化的视界，或者脱离历史。正如伽达默尔断言摆脱第一人称视角是不可能的，他同时声称，摆脱主观意图的性格也是不存在的，哈贝马斯对这一事实表示赞同。这样看来，伽达默尔与社会科学家如果能够达成一致的兴趣点，那只能是人们在无知无欲的情况下的所作所为了。哈贝马斯也领会到，发生在我们中间的历史是如何用语言的形式讲出来，如何说它已经发生了。与现象学相比，他更被语言哲学所吸引，因为语言天生具有跨人称和准客观化的性质 [为了说明这些性质，哈贝马斯吸取了路德维希·维特根斯坦（Ludwig Wittgenstein）的思想，其分量不亚于对伽达默尔思想的吸取]。于是，伽达默尔的阐释学对哈贝马斯的价值体现在，它并不是要反对社会科学方法的一个论辩，而是社会科学方法的伴随物。阐释学提供了一座桥梁，将科学分析的历史研究与作为反思性人文体验的历史研究关联起来。它提出了理论中的文化植入问题，这是每个理论家都要考虑的。事实上，哈贝马斯甚至表明：恰是这种相互补充的作用，才使哲学阐释学获得了**最大**的繁盛（Habermas 1988，ch.8）。

但是在哈贝马斯对阐释学的欣赏中，也有几分讽刺挖苦的意味，因为哈贝马斯将伽达默尔对前判断的"复原"看成：提出理由只是为了支持像前判断那样的传统的权威性。哈贝马斯认为，阐释学最好是嵌套在社会科学里，因为它缺乏对传统进行批评的独立方法。为了替换伽达默尔对传统智慧的崇敬态度，哈贝马斯极好地援用了弗洛伊德精神分析师（Freudian analyst）的解释方法——用他或她的病人的第一人称来描述。精神分析师会沉浸到病人的语言世界中去，但他（她）总是带着批判的视角处在病人的世界中。精神分析师会在病人对自己体验的描述中，寻找不同类别的心理扭曲；绝不只是从外表来判断（1988，ch.9；1990a；McCarthy 1978，178-213；Warnke 1987，ch.4）。

哈贝马斯对伽达默尔的解读在很多地方都只是一种误解。伽达默尔对于这样的解读，最常见的反应就是防守：因为很显然，哲学阐释学具有这样一种批判的态度。传统是我们可以信赖的遗产，同样也是用于质疑、疑问和批判的遗产。阐释学解释事情是为了批判文化的教条，它批判的教条建立在理解的基础上，而不是建立在科学运算法则的基础上，或者出于当前视角的错误信念的基础上。诚然，对于伽达默尔来说，前判断是一个人了解文化意义的最初条件，但伽达默尔并没有因此就说，这个人应该结束于这个起点。恰恰相反，阐释学方法的核心，是认识到真正的理解会改变一个人开始的假设，并带着这样的意识去追寻新的问题。

这些主张简单说是伽达默尔常规性的"防守"，但我们也可以把它们视为他的"进攻"。哈贝马斯似乎并未充分理解，社会科学的推理对于伽达默尔而言，只是阐释的辩证思维中一种极端狭隘的形式。如果哈贝马斯领会这点，他就绝不会把大的推理嵌入小的里面。哈贝马斯承认，社会科学无法质疑自己的解释框架，但他并不认为这威胁到社会科学的决定性的权威。伽达默尔却认为，科学方法在这里的运作机能实在太过神奇：社会科学家相信遵从经验方法的教规就能克服偏见，但事实上社会科学家如果采用经验的方法而非阐释学，就无力去质疑他们的起点，而伽达默尔认为这种质疑对于有意义的批判，恰恰是关键。

因此，根据伽达默尔的观点，哈贝马斯不仅没有达到阐释学足够的深度，发现阐释学关键性的部分，而且他在摆脱过度的工具理性① （虽然值得赞赏）而建议与阐释学进行混合时，太多地承认了工具主义。他想减轻工具理性在社会探索中的影响，但结果是大大地肯定了它；他想反对社会工程学，却情不自禁地为它做了辩护（Gadamer 1990a; 292-293）。就此而论，他对弗洛伊德（Freud）的拥护似乎尤其地有问题，因为哈贝马斯假定有那么一个人或者一群人，他们拥有更高的文化视野，

---

① "工具理性"（instrumental reason），就是通过实践的途径确认工具（手段）的有用性，从而追求事物的最大功效，为人的某种功利的实现服务。工具理性是通过精确计算功利的方法最有效达至目的的理性，是一种以工具崇拜和技术主义为生存目标的价值观。所以"工具理性"又叫"功效理性"或者"效率理性"，是法兰克福学派批判理论中的一个重要概念。——译者注

就像弗洛伊德的精神分析师一样，但是谁能这样？并且用什么办法能够确定他（们）的视野就是最终决定性的？这些问题就是阐释学的质疑（1984c，78-79；1990a；279-281；How 1995，174-177）。确实，我想说在与弗洛伊德的类比中，我们可以看到一些社会工程师的家长制作风，尤其是当我们从病人的视角而不是从精神分析师的视角来看这个状态。在弗洛伊德的精神分析中，不允许病人解释，而必须提供材料用于被解释。事先编好的解释框架用来做解释，病人不能影响解释框架。如果从精神分析师的角度看，解释步骤是很关键的，但从病人角度看，我们难道不应该说，这恰恰象征了对理性进行操纵性的使用吗？**伽达默尔主义论者认为，对于那些想要从社会组织和社会改变中获益的人，当他们的才智与工具在这个过程中占据了统治地位，老实说，工具理性只会陷入绝境。弗洛伊德的类比并不能很好地服务于那个目标。**

社会工程学与作为艺术品的城市

勒·柯布西耶最出名的，除了他标志性的单体建筑外，就要数 20 世纪 20 年代他提出的"光辉城市"理念了（1967）。这个模型打造了一个完全现代、在很多层面都很优秀的城市概念。它试图将远洋客轮的完美高效生活带进住宅楼。通过架空，它将大部分城市的地面腾出来用于公园与娱乐，以此与郊区环境一比高下。它追求平等主义，通过模数化制造，让所有人都支付得起卫生、清洁的居住空间。它把汽车安排在高速公路上，计划以此消除交通的拥堵。它从最细微处彻彻底底地重新构想城市。以理性的规划，让城市恼人的混乱变得井井有条。它将现代技术推向如此的极端，以至于让与之相反的一样东西——城市绿化得以出现。这里，再一次地，可以将一个完全技术化但也处处受到了艺术启发的理想归功于勒·柯布西耶。他为巴黎左岸所做的"近期规划"（Voisin Plan①），至今仍是能够想象到的最令人惊心动魄的方案之一。令人惊讶的不仅是其尺度，和彻彻底底、毫不妥协的现代主义，还有在这个作为全世界历史上最为有名的几个城市之一的地方，愉快地拆除了大片大片的房子。

纵览全球，对于第二次世界大战以来混合居住（mixed-income housing）的住房方案，以及更显著地对于低收入住房方案，光辉城市理念的内容，至少部分得到了拥护。在纽约，从 20 世纪 40 年代末至 60 年代初，伟大的美国建造大师罗伯特·摩斯（Robert Moses②）（他可谓这个国家造就的最有影响力的公务员之一）监督建设了足以容纳超过 25 万人口的住房单元，其中大部分都是按照光辉城市模型的超大街区建造的，并且布置了彼此完全一样的高层建筑。但最终人们认为，这种构想结果是有问题的，作为范例，它说明了超大规模、单一功能的规划方案天生就有缺陷。

关于摩斯对纽约的构想提出最有力批评的批评家中，有一位便是简·雅各布斯（Jane Jacobs），她论战性的书《美国大城市的死与生》（The Death and Life of Great American Cities）可谓美国文学的经典（Jacobs 1993；Fulford 1992）。她在多个层面攻击了城市更新运动（Urban Renewal）的构想，并以雄辩的口才、富有深刻洞察力的经验判断，为另一种城市构想陈述了理由。在她的攻击中，雅各布斯描述了具体的情景思维在抵制抽象的工具主义思维时

---

① 此处应为法语"Plan Voisin"，直译为"近期规划"，为勒·柯布西耶 1925 年提出。部分英语作者改写成"Voisin Plan"，实际上不符合法语语法。——译者注

② Robert Moses（1888—1981 年），纽约城市规划师，被誉为 20 世纪中期纽约的"建造大师"（master builder）。对此有的译者翻译成"规划大师"、"建筑大师"等。——译者注

所发挥的力量。在很多方面，规划师的工具思维似乎并不关心对受影响最厉害的那部分人的生活的理解。"贫民窟"概念的形成就伴随着抽象的分类，例如人口密度和建造年代。在这些通常有活力、经常带有种族性质的邻里关系中，生活的质量、社区的健康很少被加以调查。城市官员们夸张了安置援助的数量，而实际上他们在用推土机清理掉原有邻里关系之后，才提供了这种安置援助，原地建起的新住宅在城市组织与城市运行方面，采用了完全不同的概念。

　　诞生于"花园城市"和"光辉城市"两种思想的城市新构思，无法复制被取代的当地城市活力，因为构思者没有看到城市对于城市功能混合有多么依赖。超大街区的模型是建

图 14　波士顿北区

立在功能分区基础上的。居住被集中在了单一功能的高层建筑里，与工作场所、零售商业和文化设施分离。过去成功的邻里关系，是把这些功能都结合在一个步行环境中，对公共的街道、人行道有很大的依赖作用（图14）。现代主义的规划没能产生城市的活力，一定程度上可以追溯到它习惯的抽象性上，趋向于把城市看作一系列双变量的问题集合，比方说认为住宅是与工作地相关的。但是都市人对城市的每一种利用都是对多变量问题的一个解决方案；人们总是同时做很多事情。于是，我们不能靠一套分类来推测他们的行为；我们要认识模式，就如模式本身表现出来的那样，要弄清楚如何避免对这些模式的约束（1993，ch. 22）。在这一点上，雅各布斯的观点对城市设计师提出了特别的挑战，雅各布斯指责说"城市不是一件艺术品"（1993，485）。城市不是在画图板上设计出来的东西，不能用美学途径来组织市民的生活。**城市因为人们的自由而兴旺，人们能够自由地选择自己想要的生活方式，能够自由地实现自己的创造目标。**给他们一个美学的方案，等于剥夺了他们的自由，而培养人们创造的自由性，需要一定的混乱，不要有太多的框定。

关于雅各布斯与摩斯的历史性争论，人们已经讨论了很多，我描述这个例子并不是想要对它进行解释（因为要在这里做这件事，是个太过庞大的任务），而只是想表明哲学阐释学与这个例子的关系。最明显的相关性就在于它反对明显有目的性的社会工程学。但更为尖锐地，雅各布斯揭示了，社会控制要素在实际运作中超出了实践者们的目的，超出了他们对自己的了解。我们用伽达默尔的话来说就是，这种规划思路以一种阻碍大量相关问题对其质疑的视界在起作用。甚至城市更新运动倡导者用过的词语，例如偏向于使用"居住区"而不是"邻里关系"，也限制了解决办法的类型，那些可能会提出问题的解决办法因而被排除了。

更具挑战性的是，整个城市设计领域可能都受到了"视界盲点"的影响，即在城市设计师的视界中，没有看到他们对设计成果的过多控制、过度设计。这个挑战在回应反城市更新运动的抗议时，已经成了很多讽刺事件的源头。例如，80很多新城市主义方案纯属虚构地捏造了邻里关系或新的城镇，根据雅各布斯的倡导，在其中设计了各种混合功能和步行环境。但是这些方案的整体设计以及建筑风格的统一性，却亵渎了雅各布斯关于城镇不应该是设计师艺术品的批评。要让场所真正地属于市民，一定程度上就应该把它们变成**市民的**艺术品。城市设计，就如伽达默尔谈起的所有建筑一样，要想实现它的艺术功能，某种程度上就应该在艺术上做到淡出，为创造性的发生创造一个有意义的场所。建筑使人类的意义现实化，但更基本、也是更重要的是，建筑要让这种意义成为**可能**。

诸如城市更新的争论等例子，隐含了一大堆关于理论与实践关系的问题。雅各布斯的著作常常遭到批评，说它缺乏足够的理论基础；而雅各布斯从她的角度出发，指责那些想要重塑纽约的政治家与规划师太过沉迷于理论，以至于看不到他们想要瓜分的社区所具有的活力。但究竟什么**是**理论？并且实践的权威来自哪里？这些问题把我们吸引到了伽达默尔哲学另一个决定性的特征上，以及伽达默尔哲学与建成环境相关的另一个独特类型上。当伽达默尔把哲学阐释学设定在"实践哲学"的传统中时，他总要提起的就是这个特征。

创造性合作中的实践智慧

　　伽达默尔希望他的阐释学能够被看作实践哲学的一种
形式，与源于苏格拉底、柏拉图的实践思维传统相连。我
们不能因为伽达默尔把他的哲学称为"实践的"哲学，而
推断他更偏重实践常识而非理论。相反，这位传统的理论
家通常把理论看作实践知识必要的精炼。当伽达默尔把理
论说成是实践的最高形式时，他就是这么认为的（1986b，
175）。这样一种陈述肯定了理论的价值，但它又与一般的
理论概念有着很大的差别。一般认为理论是从抽象中发展
出来的一套原则，然后"应用"于实践。对于伽达默尔来说，
把理论隔绝在一个抽象的领域里，远离对生活体验中有实
践意义的洞悉，等于剥夺了它在阐释性思考能力上探索的
机会。

实践智慧的传统

　　为了让理论与实践相互联系，伽达默尔再次在《柏拉图
对话录》的精微玄妙处找到了试金石。在《柏拉图对话录》
各篇中，苏格拉底的对话者通常是一些在实践上有所成就的
人。在很多人看来，他们是"智慧的"，因为他们拥有十分有
用的技能。但苏格拉底提出的问题揭示了他们在其思维领域
内的局限性。例如在《拉凯斯篇》（Laches）中，两位有名
的将军根据战场环境里对"勇敢"的理解——这是他们所熟
悉的，能够对"勇敢"下定义。在战场环境中，完全有理由

说，"勇敢"可以在那些"坚守阵地、与敌人作战的人"[1] 身上找到[Plato 1997,676（191a）]。但是在特定军事环境下，例如战略性撤退（要害恰恰就在坚守阵地上），或者在非军事环境中，例如追求真理的勇敢上，将军们要再把这个词讲得通就很困难了。在提到柏拉图的这类例子中，伽达默尔让他的读者注意到对话中的冲突。苏格拉底寻找的是一种全面82的定义，他要把实践知识推向一个更高的层次，使它具有普遍意义，而不是所期望的其中某一方面（Kidder 1995）。**苏格拉底往理论方向的推进，是实践知识自然而然的一种发展，并不是要用理论取代实践知识。**

　　伽达默尔对于这个主题的思考，还有一个同样重要的古代思想源泉，那就是亚里士多德的《尼各马可伦理学》（Nicomachean Ethics）。亚里士多德并没有把柏拉图说成是继承苏格拉底风格的实践哲学家，而把他说成是一个想要把理论从实践中分离出来的人。这一性格上的描述无疑带有几分公正性，因为柏拉图为了让青年们能够在混乱的政治之外有一个追求智慧的生活，设立了"柏拉图学院"，开设了诸如数学等抽象科目的总课程。亚里士多德在该学院接受了柏拉图的亲授——抽象的、数学化的现实高于普通经验的世界，他把这种形而上的方法看作柏拉图伦理学从实践生活向对"善"的纯粹追求的转变，而这种追求高于经验的世界。不管这一评判公正与否，亚里士多德在思考中是反对这种倾向的，他把自己的伦理学视为实践知识的发展（Gadamer 1984c，115-117；1990b，312-318；1998a，16-20）。

　　这种发展，目的就是在相互竞争的欲求中找到解决办法，在复杂的环境中做出公正的判断。当然，亚里士多德的伦理学

---

① 　此处翻译（包括篇名）参考了《柏拉图全集》（第一卷），王晓朝译，人民出版社，
　　P168，182。——译者注

也采用了原理，但原理是为那些品格优秀的人用来指导实践决策的。例如公正，它包括了货品分配时要公平地做出决定。也就是说，公正隐含了平等的原理。但公平分配具体来说就意味着要视人、视情况而定。亚里士多德记录道，在一个熟练的运动员与一位新手间，不能等分食物，因为同样的量对一个人可能太少了，而对另一个人又可能太多了 [Aristotle 1999, 24 (1106b)]。这里做出公正的决定，需要原理方面的知识，但同样需要熟知原理适用的环境。在这个例子中，我们可以辨认出苏格拉底所追寻的那种推理。这是一种实践上的推理（希腊语中的"phronesis"），它超出了实践技能（或者说"techne"），实践技能的起源只有经验。它是对经验的反思，将特殊推向普遍而又未丢失对特殊的洞悉。它在不同的个例中，向普遍发展，但又丝毫没有忽视特殊个例的差异性（Gadamer 1990b, 314; Risser 1997, 110-114; 2002）。

根据伽达默尔的观点，实践哲学的传统之所以能够在阐释学的后期理论中延续下来，靠的是"应用"方面的问题。例如在基督教宗教信仰中，布道或训诫行为受到的挑战，是要表明圣经文字的实践意义如何在信徒已经大大改变的当代社会生活中被人所理解。在这类案例中，应用对于圣经的意义并非是附带的，因为圣经的总体思想就是要告诉人们一种生活方式。类似地，在司法环境中，"应用"根据当代社会来确定法律的意义，决定在个例中法律是如何被实现的。法律自己无法决定怎样被应用。法官、律师、陪审团及法学家的实践知识在这些决定中起到了关键作用。于是，圣经和法律要变得实际，变得贴切，只能通过对应用者就**"phronesis"即实践推理**进行培养才能实现（Gadamer 1984c, 126-128; 1990b, 309-311）。

在社会与文化研究邻域中，由于以自然科学为范例，在圣经与法律上所能看到的理论与运用之间的差别被推向了极端。理论以数学为榜样，变成了对抽象概念的纯描述；以自然界的经验研究为榜样，变成了不带情绪的观察，通过中性方式寻找关于人类属性与互动的法则。之前我们对伽达默尔与哈贝马斯之争匆匆一瞥，看到了伽达默尔如何努力恢复在实证主义社会科学中已经消逝的解释行为的地位，但现在应当注意到，哲学阐释学这样做，对于那些反思自己实践行为的人，对于那些通过与各类对话者推理式的讨论努力改进实践的人，它提高了实践者行为的合理性。

实践中商议的阐释方法

并非只有法律与宗教生活的环境下，我们才必须根据规则、教义、规范、习俗和历史先例做出实践决定。任何重要的决定都或多或少地根据这些方面有所思考；一定程度上，所有的决定都是一种应用。历史文字的解读或者跨国界、跨语言理解的达成，只是阐释经历中比较显著的例子。**任何与他人合作、一道达成的决定，都可以受益于这种带有阐释意识的理解。**通常，商议行为聚焦的是一个简单的实践决定，在这种情况下，有一定的经验或者工具思维可能就足够了，但问题复杂的时候，卷进多个利益共享方和多种利益时，反思、讨论、商议和决策的过程将更加突出地显现出它们的阐释性来。严格地说，没有人会处在完全相同的视界中。任何想要一起工作、一道决策、一同生活的尝试都需要理解上的努力，这种努力是复杂的，有时还是困难的。要让人逐渐明白这种理解的需要，要学会对这种努力有所耐心并形成内在满足感，要在多样的环境中检验原理，要让这些原理受到质疑并在必要时受到修正，要在纵然有争议的商议环境中让信任得以建立、友谊得以形成，所有这一切都是在实践知识中得到发展的标识，比起任何技能或信念，这种发展对一个人的性格、特性更具有决定作用。

作为一门实践的哲学，阐释学并没有提供问题的答案，甚至也没有表明探索的方法，以便让人们想清楚问题以及和他人合作去解决问题。这些方法开始发挥作用，就是当我们说评审队伍中的成员正努力"聆听彼此"或者"理解彼此观点"的时候。在这样的时刻里，商议的目的不是要陈述有问题的原则或者政策，而是要理解这些原则与政策是怎么被商议者所解释的。是这些解释让观念被接受，但更是各种形式的历史让观念被接受：有导致决策环境形成的历史，有塑造了队伍成员角色的历史，有他们与个人、与组织互动的历史——这决定了他们在提供有用东西这一点上到底有多少可信度，有公正性还是偏私性的历史——这决定了成员们是保守派还是行动派的角色，还有属于所有这些历史的信条与情感。在这种环境下，"聆听"对方就是要打开心扉，迎接所有这些历史中相关的东西。开启心扉的商议过程会让商议时间变得更长，讨论的东西变得更加复杂，但这样的商议会产生信息更加全面的决策，还经常附带地建立起了友好的关系。

在这些例子中，求同存异是一种更伟大的理解。如果不求同，我们也无需烦心；如果不存异，也没有努力的必要。当然，在任何集体商议的过程中都有这样的危险，那就是如果要"找到我们一致同意的办法"，就会缩小商议的视野，就会导致对原则过分的妥协，抑或就会加强团队内部共有的偏见（Warnke 2011）。但是为了理解而表现出一颗开放的心，不是对他人立场心甘情愿的妥协，不是在讨论中放弃原则，也不是给队伍成员特定的优待。它是要让队伍中的其他成员表达观点，同时也要把队伍以外的其他视野带进来。这种开放性希望：详尽论述过的观点与对方的动机具有无限的可能性。它心甘情愿地站在对方立场上，承认对方今天的立场形成于一套可被理解的步骤上。对这种可能性抱有的开放态度，不同于当下一致性意见的达成。它可能会在更深入理解的基础上，达成更多的一致性意见，当然也可能只是改变了参加者的感觉，体会到哪里会出现不一致意见而已。

一些研究者研究了城市规划背景下的商议过程，他们就调停者在团队过程中遇到死局时的作用提出了中肯的观点。用约翰·福雷斯特（John Forester）的话说，该作用的调停者的目标是"把相互冲突的愿望转化为相互合作的探索"（1999，101）。我想说，这种在探索上的转化时常体现了阐释学的性质。例如，鼓励调停者把参加者立场背后的个人故事、文化背景讲述纳入讨论中来，以便从一些卷入的、最为强烈的情感根源，达到相互的理解；但与此同时建议调停者应该把这项工作的特征定性为对彼此故事的**聆听**上，而不要让讨论被冲突的故事激化为两极化。建议调停者邀请大量的声音参与到辩论中，努力让少数人的控制得到松绑——他们可能已经"将死"了讨论，可以拿一个共识达成的例子作为典范，让少数派有更多机会讲话。建议调停者强调团队成员间关系的建立，因为在这种关系中，事先谁也不知道哪里会出现推动对话的源头（Forester 1999；Innes 1996；Margerum 2002）。在所有这些建议中，我们可以看到一种在普遍与特殊之间进行平衡的尝试，普遍的是团队的一般目的、团队要实现的一般价值，而特殊的是参与者视界的个性、参与者讨论时随身携带的相互关系。在这类调停过程中，将视界的融合视为突破是不无道理的，虽然有些融合跨越了延亘的世界，或者浩瀚的历史，而视界的差异较之微不足道。

　　斯蒂文·霍尔常说建筑是"艺术中最脆弱的"（e.g. 2009，287）。在这个陈述中，他坚定地相信：建筑总是一系列复杂合作的成果。设计过程中的合作、融资方面的合作、承包时候的合作，是合作；把建筑方案放置在一个更大的规划里，是一系列的合作；所有这些还要嵌套在一个更大的政治、经济、文化的互动关系中，这还是合作。在这个复杂的过程中，会有一些参与者相信建筑是一门艺术，他会为此努力工作，把它变为现实，但很有可能还有一些人，他们十分关心建筑面积，或者对方案如何组织持有不同的想法，或者从来就没有想把它造出来，他们就是不明白为什么它就该是这个样子。霍尔眼中建筑的脆弱性，可以看成是那些不怎么关心艺术的合作者们看待艺术时，艺术所表现出的脆弱性。但是对这个问题更有建设性的看法是，把建筑看成是精妙的合作艺术成果。这种解读方式没有把建筑的性质与建筑实践分离开来。它把建筑工作看成是与人、与世界观一起打交道，就像与材料、与设计打交道一样。

　　在方案设计过程中，所有的合作者都会表达自己的声音，建筑师需要把这些声音转译出来。这种转译需要根据各捐资者例行的角色以及他们对这一过程的控制，考虑他们的权力。建筑师对业主的责任在重要性上占据中心地位，因为这是基本的契约关系。**但是交付"业主想要的东西"这个任务是复杂的，它取决于业主对设计过程能真正理解多少，以及方案在各种参数控制下的可能性。**使之变得更加复杂的是，建筑师作为专业人员和专家被雇用，这暗示了他（她）为业主工作的价值将在很大程度上取决于建筑师同行的专业标准，而对于这些，业主可能完全不熟悉（Schön，1983，291-292；

Sirowy 2010，197）。

建筑师与业主对给予他们工作机会的这个社会负有责任。 88
在为方案提供合法框架的规范与管控程序中，他们的责任得到了正式的规定，同时，他们的责任也通过邀请方案所波及的社会成员提供意见而得到体现，只是该方法不那么正式。至于每位利益相关者，建筑师会用一种阐释的方法做出解释——评估他们的观点，平衡对他们的代理者的责任。

此外，在宏大的计划中，虽然相异的观点是在同一个文化环境中起作用的，但重要的是把它们想成是不同的视界，因为它们深深地根植于形成它们的经历与情感中。例如，对于一个成功的开发商来说，每当对方案做出影响方案存活性的决定时，他（她）都冒着个人诚信的巨大风险。一个社会积极分子，对道德生活的整体观念都是围绕他（她）作为一位公民所作的贡献而形成的。这些人当中，每一个人都有很多假定的前提从未为人所知。有些问题似乎必须被提出来，而有些问题似乎无关痛痒。有的参与者表达出强烈的情绪，但合作伙伴却丝毫没有反应。这些都是视界互动的特征。

小比尔·于巴尔（Bill Hubbard Jr.）在他的书《实践理论》（A Theory for Practice）中谈到三种“对话”（discourses）的时候，他脑海中可能有类似于视界概念的东西，三种对话分别来自建筑师、业主和社会（Hubbard 1995）。他对它们的描述，其措辞一度令人想到施莱尔马赫（Schleiermacher）
关于局部与整体的阐释学。于巴尔说，建筑师是同时根据局 89
部与整体形成一个方案的。设计任务与设计一道发展，以对彼此来说重要的和有启发性的方式显现出来。然而在整个方案中，业主趋向于成为核心角色。他（她）从启动之初就把方案看作一项投资，希望有一份合意的回报。因此，即使方案的局部对建筑师来说属于设计的一部分，但对于业主来说，它们全部都可以改变，重要的首先是整体的可行性。与这两种观点形成对比的是，社区成员趋向于被看成是半核心的角色，因为他们与建成物的互动集中在特殊的方面，对业主的设计任务或建筑师的设计来说都不是最主要的。他们主要关注的是建筑的室外部分，一些对邻居和对别的社区成员有所影响的东西（1995，108-109）。

于巴尔把这些视野说成是"对话"，因为他试图要解释，在建筑创作过程中，人为什么总是会各持己见。在我看来，他对于这些对话的解释具有揭示视界特性的特点，因为各种对话反映了各自的方向，它们都有着自己的根源，例如，这其中肯定有语言的根源，但也有在特殊经历中形成的、反过来对一般经历起到方向指引作用的根源。这些根源之深，可以让合作中的理解任务变得令人生畏，但也能让任务取得卓有成效的进展。

依照视界来设计

一个人与多个视界相遇，如果对自己视界的占用不加强调，他的阐释学解释是不完整的。在与多个视界一起协作的时候，建筑师的工作总是**出自**一个视界。这个视界最大的特征就是设计在其中起到了决定性的作用。对于一位建筑师来说，设计从来都不只是一门技术，或者一门艺术：它是全面的，让建筑呈现于世，让建筑的典型特征易于被人感受到。儿时的伽达默尔在他家地板上获得的强烈情感，表明了空间被设计后所具有的特征是如何深刻地培养了他一生中关于次序与价值的敏感。当霍尔描述他的"原型体验"时，他说那可以是一个作为设计灵感而存在多年的契机，可以是一个多次被用来做参考点、为设计切入提供可能性的契机。

90

比尔·于巴尔在描绘建筑师的对话世界时，也关注了这类体验。他描述了一次去参观埃姆斯（Eames）的"个案研究住宅"（Case Study house[①]）所体会到的"设计的顿悟"（design epiphany）。

> 住宅并没有给我留下太深的印象，留下深刻印象的是在那里的一种生活方式。那些玫瑰花的花瓶给我留下了深刻的印象——暗红色的、香味很重的那种玫瑰，颜色总是很杂，每朵花都完美绽放，恰好濒临凋零之际。是那些茶给我留下了深刻的印象，老式的瓷壶将茶盛入精美的茶杯中，以茶托呈上。总是有糖，但不只是一点糖：配着茶的有一个大大的潘妮朵尼（Pannettone）面包，或者意式饼干（biscotti），或者油酥千层糕。或者浆果，不是很多但选了些新鲜的，配上厚厚的奶油，以甜点专用的大银勺取用。所有这一切的同时，往外望去，草地已经枯黄，更远处是一片银色的太平洋，伴随期间，桉树飒飒作响，发出芳香的桉树油味来。
>
> （Hubbard 1995，3）

对于一个在建筑世界里创造生活的人，这样的经历会赫然显现于他的想象力中。他（她）可能很小的时候就被设计的力量所感动，这种力量为生活带来次序或者宁静，或者魅力。**世界原本看上去，通常是如此地随意散乱，如此地短暂荒芜，在设计中却变成了一个精准的整体，感官的活力得到了加强。**这种顿悟让儿时的他（她）受到启发，立志要发挥这种力量

---

① "Case Study house"直译是"个案研究住宅"。1945 年至 1966 年间，由美国艺术与建筑杂志（Arts & Architecture，1929—1967 年）赞助，请了当时著名的建筑师如 Richard Neutra、Charles and Ray Eames、Eero Saarinen 等设计一系列低造价、高效率的样板房，以适应战后住宅潮的需求。埃姆斯夫妇设计的为第八号，所以又称"Case Study House 8"。——译者注

来创造事物，他（她）迈出了人生必要的步伐，这步伐意味着他（她）走向了社会，从学校到职场，以相似的经历与启发，塑造着这个社会（1995，9）。

对于建筑师在工作室里的对话，唐纳德·舍恩（Donald Schön）的描述抓住了这种设计语言的特殊性。他举的例子是建筑师在方案指导与方案评判时密切使用电脑屏幕的那种会话，这种会话可能在调用图纸和真实讲话两方面的分量差不多，它一会拉进一个几何体，一会又根据基地的特点重新塑造这个几何体，时常在这两种状态间切换。有些地方可以参考先例，利用现成的设计办法，那是以往历史上有影响力的建筑师留下来的馈赠（Schön 1983，ch. 3）。这类对话没法归纳成一套术语或一个方法。在对话的每一步中，感觉与想象力都在发生作用；在投入表现图与模型制作的大量时间里，感觉与想象力得以发展，并融入对话。当建筑师说起这套建筑语言时，对于一个没有经历过这类训练的人，要明白他们正在说什么是很困难的。斯诺德格拉斯与科因认识到，这些方法相当于是在伽达默尔阐释循环里做设计。在这个循环中，想法、条件以及参考案例彼此形成了一种对话，它们相互间提供信息，将设计的过程沿着一定的路线推进，若是用别的办法，路线可能就不会如此清晰了（2006，45-48）。

设计艺术的技能以及对话过程的流畅，赋予了建筑师在方案方面无可取代的专业知识。然而于巴尔注意到，令建筑师沮丧的是，设计方面的对话不能成为所有合作参与者之间的"通用货币"（1995，10）。舍恩与巴尔劝告建筑师，他们自己采用这种交流方式就够了；并且认为，建筑师对于这种以他们有素训练为中心的对话世界，应该反思其利弊长短。对于舍恩来说，这意味着要揭秘专业人员的专业知识，要努力搞清楚非专业人员如何听到专业对话的声音（Sirowy 2010，

196-201）。类似地，于巴尔认为，这就是要在方案中引入一个人对方案的所有评价，从而使得他与别的参与者不仅在专业的角度看是相关的，而且从人们与该方案相关的其他角度看也是相关的（Hubbard 1995，14-16，166）。这些建议开始接近于伽达默尔的观点，即在共同的实践努力下实现视界的融合。这种"融合"不应该意味着对多种设计可能性的折中，或者让艺术服从于功能。相反，多种观点的交织以及对多种假设的探索，可以建立起信任与理解，这将赋予建筑师更多空间，而不是更少。阐释学的方法不应该被想象成一条布满艰苦的谈判、激烈的瞬间以及内部的投票的道路，就像建筑合作项目中的典型状态那样。如果每个人彼此理解，在这样的努力**中**来进行这些合作项目，那么这些项目可能会变得对每个人都更有成效。

乡村工作室的例子

贝娅塔·西罗维（Beata Sirowy）在研究塞缪尔·莫克比（Samuel Mockbee）的晚期作品以及美国亚拉巴马州"乡村工作室"（Rural Studio）的作品时，同时利用了伽达默尔与舍恩（相关建筑理论家还有很多）的见解。乡村工作室让学生为黑尔县（Hale County）的居民设计住宅，这个地区同时拥有强烈的自然之美和严峻的乡村贫穷问题。这一构想融合了奥本大学（Auburn University）的建筑学教育，服务于当地社区。在这个属于美国最贫困地区之一的地方，乡村工作室的计划使很多业主有了第一次和建筑师一道工作的经历，它也使很多学生有了人生首次的设计经历。在这样一个环境下，莫克比引入了一种设计方法，它对于每一个相关者来说都有不同寻常的期望。他想创造的住宅不仅仅能服务于基本功能，

92

而且希望体现住在里面的人的性格和精神，以及他们居住的这个地区的精神。

为了达到这个目标，莫克比构想了一个自然有机的方法：通过结识社区的成员，创造一种能够塑造设计的对话。业主学会尊重学生的奉献精神，而学生学会认识到业主有自己的视界，在其中能够找到自己的意义与目标，在这种相互理解、持续努力的作用下，设计中可能的元素会自然显现出来。这些元素会利用当地普通建筑的传统风格，对当地日光强烈、雨水过量的气候特点作出回应。但设计者不会拒绝创意，最后落成的建筑很多都以不同寻常的元素为特征——最明显的是，多次使用的"夸张"屋顶，创造出了屋檐阴影下居民集会的室外场所。大量使用的廉价、受赠、再利用材料，也提供了创意的可能性。学生与职业人员设计想象力的运用，找到了实现材料美学可能性的新方法，满足很多时候相当不同的目的。在工作室中，学生做出来的大量设计会得到评估、挑选、

图15　乡村工作室，布赖恩特"干草捆"住宅，黑尔县

修改，然后业主再进一步参与进来。于是，业主被持续地卷入设计过程中（Sirowy 2010，239-249）。

乡村工作室建成的第一幢房子，布赖恩特（Bryant）住宅，又名“干草捆”住宅（“Hay bale”house，图 15），很好地阐明了这些特征。业主艾伯塔（Alberta）与谢泼德·布赖恩特（Shepard Bryant）七十多岁了，抚养三个孙子辈的孩子。在前期对话中，讨论了他们是怎么居住的、他们想要什么类型的空间，从这些对话中自然产生了设计的元素，例如免于雨淋的要求，让每个孩子都有一间房间的想法，每间房里都 94
有一张床、一张桌子，以及门廊作为人们聚集、消磨时间的重要性。用干草捆覆在灰泥的外面，这是一种不常见的做法，但它证明了在低造价情况下，这样做非常适合提供一种呵护，免受不良气候的作用。房子后侧有三个房间，从背立面可以看到三个半圆的形体。巨大悬挑的檐廊屋顶十分引人注目，用的是半透明的树脂瓦楞板，用回收的梁和传统样式的柱子支撑，从而创造了一个巨大的社交空间，让人想起美国内战前大宅子前面奢华的游廊。这个房子相当朴实，同时又融合了极尽想象的元素。它在表达居民如何使用居住空间的时候，也表达了他们与此处独特的景观、气候之间的关系。**通过融入现代材料、呼应地区传统形式，建筑师用谦逊的、可敬的，有时还是雄辩的方式引证了传统（Sirowy 2010，252-256）**。

西罗维注意到，在莫克比那些社会参与的建筑中，受到启发的方法有很多地方就是伽达默尔思想的推演。莫克比的方法适合当地的生活特性和场所精神。它将传统提到桌面上来，用当代的术语解释传统，从而实现对传统的利用。它致力于一种对话，让问题、假设、习惯、经历和故事，这些塑造个人与社区视界的元素显现出来。但与此同时，它也重视洞察力与技术因素，这些因素可以由理论引入对话，补充对话。这个方法表明：不存在通用的视界融合这回事（Sirowy 2010，257-260）。视界的融合只发生在独特的关系中——由方案的当下参与者培养形成的独特关系中。在方法的施展过程中，很多我们觉得具有普遍性的要义起了作用，如公正、人的尊严、可持续性、职业诚信、诚实正直，但我们同样认识到，这些要义只有合作伊始变成双方关系的品质时才能得到具体实现。普遍不是理所当然的；它必须在此时此地独特的环境中重新讲述出来。

找到方法

关于建筑创作方法，乡村工作室的例子表明了一个很多作者都表述过的信念：接受挑战——对非建筑师人士的经历、观点抱着开放的态度，这可以释放而不是限制建筑的创造力（Sirowy 2010，258-61；Till 2009）。作为塞缪尔·莫克比的同事，布鲁斯·林赛（Bruce Lindsey）在下面这段西罗维引用过的话中表达了这一观点：

> 乡村工作室强调了这一事实：当你主张你学科以外的东西，譬如人与社区，你就为你自己的学科开辟了新的可能性。换句话说，当你拥护的东西超出了狭隘的技术、美学或者专业兴趣，你做的每个方面都会为你开辟新的机会。建筑在创意、表达与精神的诸多方面将不再受到限制。
>
> （Sirowy 2010，261）

要利用这些机会，就要找到方法——学会什么时候去听、去想，什么时候引进专业知识，通过实验检验，什么时候是关键性的，或者需要提出难题，什么时候推进过程、设定期限、完成事情。最终，这些开放的可能性不仅仅是一个人职业工作上的可能性，还是他将职业工作融进整个生活与性格之中的可能性。

与这种方法相关的问题诸如平衡与比重、思考与行动的时机，是人类最古老的内容之一。伽达默尔研究了苏格拉底之前的希腊思想家，发现他们学习的是自然力量的平衡，这是比人类的心智更古老的一种平衡。有一句希腊的话流传至今——"metron ariston"，即"适度就是最好"。它可以很容易解释为，我们要避免过分热情或者自大，但它同样也清楚表明了如何在生活中加入体验与洞悉，让我们既培养出激情，又怀着对世界的伟大的充分理解而让膨胀的自我变得谦逊。在这种适度中成长，就是要在实践知识中成长，人类行为无不受益于这种精神成长。

建筑作为"在"的一种方式

从哲学上说，马丁·海德格尔思想最有技术性也是最令人气馁的地方，就是它立足于"在"（being）①的哲学或者说"本体论"哲学。然而，正因为这一基础的深奥，使得海德格尔对于非哲学人士包括建筑界人士产生了极大的吸引力。伽达默尔思想与海德格尔哲学很接近，这与两位哲学家都对"阐释学本体论"感兴趣有很大关系，因此有必要更仔细地思考伽达默尔哲学本体论方面的内容。在这过程中我们发现，在很多方面，伽达默尔有着与海德格尔不同的思想。可以认为，这些分歧产生了两大哲学家的思想各自相对于建筑的不同关系。伽达默尔在本体论与语言方面的研究还把他的哲学引向了与后现代思想的关系上，而这一思想运动对当代建筑具有重大影响。

关于"在"的一些疑惑

什么是"在"（being）一词的意思，这个问题可能和哲学一样古老。从西方思想文化史最古老的记载中，我们可以发现：当人们说某物"是"什么（something "is"）的时候，思想家一直对这个词既表示"在"又表示"是"而感到困惑。"在"

---

① 本章多处出现"在"和与"在"相关的名词，包括题目；之前几章也有类似名词出现。对于这种情况，很多哲学译注都不加引号，对于中文阅读习惯而言有所干扰，故译者对这类哲学名词添加了引号。如果原作者自己对 being 等名词加注引号，则翻译中将带引号的原文标注在文句后面的括号中，如"在"（"being"）表示引号来自原书作者，而直接出现"在"或"在"（being），表示引号只是为了方便阅读。——译者注

这个词作为"是"时，可以当一个简单的系动词来用，将谓语（predicate）[①]与主语联系起来，就像说"石头是白色的"（the stone is white）一样，但写成"being"或"existing"的"在"，它的性质却是单独赋予主语或谓语的，要么说石头"**在**"哪里，要么说白色"**在**"哪里，而不能像"石头'是'白色"那样，同时赋予主语与谓语，说"石头在白色"。这样看来，我们可能会想说"在"本身就是个谓语，但如果我们这样说，我们就得承认：这个谓语中包含的"存在"性质与事物的其他方面的性质是不同的。说石头是白的或者重的，就意味着确定这些性质，排斥其他性质。如果石头是白的，它就不是黑的；如果它是重的，就不是轻的。但说石头"在"（is）的时候，并不排斥任何东西；"存在"属于任何事物，包括石头以及我们可以归于石头的任何性质。此外，"白色"或"沉重"这类词都是抽象的类别，但是"在"（"being"）意味的东西必然是完全具体的。真正的"在"就像很多哲学家所说的，是让物体变得具体、真实的东西，而不是要把物体变得抽象，以及可能怎样。

当我们问自己是否**知道**"在"时，更多"在"方面的疑惑暴露出来。一方面，我们有理由说：自己对于"在"比其他任何事情都了解得多，因为我们自己就存在着，我们的生存感给了我们"在"的意识，我们据此了解其他"在者"[②]（anything else to exist）。但另一方面，如果"在"属于这个世界中所有的"在者"，那我们说我们知道"在"，这看上去就有点荒谬，因为我们只知道"在者"中很小的一部分。**如此一来，"在"似乎可以被看作一种神秘的已知 – 未知物——亲密而十分熟悉，但同时又深奥而难以理解。**

---

① 按照汉语中的理解，应为"predicative"，即表语。——译者注
② 哲学中，"在者"表示存在着的具体事物，又作"存在者"。——译者注

海德格尔对"在"的思考

　　海德格尔坚信，他之前的西方哲学对于解决"在"的问题所做的很多工作，只是把问题掩盖起来，他的这种观念促使了他在这方面的思考。西方形而上哲学关心物质与性质，它满足于世界是由分离的实体以及它们的属性构成的，不去深入思考这些物体是怎样神秘地"在起来"（coming-to-be，形成）以及怎样神秘地消失的，它不思考诸如"为什么不应该有些别的"这类离奇的问题。类似地，现代科学满足于对"客观事物"的研究以及对它们的实践操作。时间被看成是一个容纳世界万物的容器，而不是一种对物体进行定义、以物体为核心的神秘运动，例如从物体的形成到消逝的神秘运动。海德格尔的本体论于是旨在恢复整个西方传统中一度被隐藏而很少被追寻（根据他的说法）的问题。

　　海德格尔力争透过这个世界的现象显现，彻底弄清"在"的谜团。要做到这点就得超越常规思想——常规思想或者倾向于把世界想象成一种主体，与客体相对立；或者倾向于把世界看作一种客体，影响主体的感知。之所以需要超越常规思想，是因为这些假设已经远离了"在"的谜团，取而代之的是，始于关于主、客体现实的假设，未经检验、形而上的假设。胡塞尔的现象学对海德格尔来说，是一种可以驳回其中部分假设的方法，因为它在描绘经验**之前**并不区分经验是主体的还是客体的。但海德格尔认为，现象学自身也得激进化，以便对"在"的问题进行重新审视（Heidegger 2010，1-10）。"在"必须从"在"的**内部**进行思考，从一开始就要让人知道思考是与"在"整体交织在一起，现象学必须带着这种清晰的意识来思考"在"，从这种意义上说，现象学必须变得具有阐释性。海德格尔不得不找到办法，来说明人类不理解"在"的问题，造成了"在"

对人类自身而言，其解释是开放的，但没有哪种解释像海德格尔做到的那样，抓住了"在"的根本结构。为了沿着这一道路前进，海德格尔利用了克尔恺郭尔的存在哲学、尼采的生命哲学，来表明我们与"在"的亲密性是如何被我们生存（existence）的有限性所限定的（Heidegger 2010，32-37；Gadamer 1990b，265-271；1994）。这种有限的占用必然塑造了每一步对"在"意义的思考。

正是出于这些动机，海德格尔的著作向我们展示了他对这些经典哲学问题不同寻常的构思。例如，在《存在与时间》（Being and Time）中，海德格尔并没有发展出一种关于人类本质或人类意识的哲学，而是建议一种"**此在的阐释学**"（hermeneutic of *Dasein*），其中"Dasein"一词照着字面解读（英语版本通常直接使用而不翻译）就是"那儿‐存在"（there-being）[①]，根据本体的敞开性（openness）而言，指的是人。就本体敞开性这一事件进行的任何讨论——例如把它解释为主观性，或者解释为意识，或者解释为主体对客体的感知，都早已开始将本体的敞开性放在了次要的地位了。海德格尔在后期著作中，进一步摆脱了提出问题的常规方式。他不再说"'**此在**'对'在'的敞开"，而是更加严格地强调敞开**自身**，也就是说"敞开"是在"在"身上的"光明"或者"林中空地"（"lighting" or "clearing"），通过这种"光明"与"林中空地"，"在"实现了它的敞开。敞开是"Ereignis"，这个德语词的意思是"事件"，但也可以表示"占有"，即对"在"的揭示，我们或可以说通过敞开，"在"在一定程度上占有了它自己（Heidegger 1993b；1993c；1999）。

100

---

① Dasein 的确切含义，可以参见陈嘉映、王庆节合译的《存在与时间》（三联书店出版，1987 年）P516、517 的附录"关于本书一些重要译名的讨论"。——译者注

即使在这段关于海德格尔思想路线的简要说明中，我们也已看出，语言对于他来说既是敌人，也是朋友。语言具有制度化的作用，因此人们在追寻自己关心的事物的时候，"在"被遗忘了。然而语言也保持了早期对"在"的疑问的回应，让人们可以通过词语进行本体论的思考，恢复隐藏在词语背后的思维可能性。在这种思维过程中，海德格尔越来越多地将焦点汇聚在诗的语言上，因为诗意将语言推向极致，通过诗的语言，能够揭示迄今为止语言还远远没有说出的东西。海德格尔对词源的个人思考具有诗意的性格——例如他在一篇建筑论说文中，对"bauen"一词（意思是建造）进行词源上的思考。他的这种思考使得哲学探索的定义得到了拓展，跨越了常规的范围（Heidegger 1971，145-161；Sharr 2007）。

对于伽达默尔而言，重要的是强调海德格尔哲学发展历程中的宗教动机。这种宗教动机始于海德格尔还是青年天主教神学者时的研究工作，他发现路德（Luther）把天主教生活的中心重新定位在对人类罪恶状态的限制上，以及基督为我们牺牲的事件上。海德格尔接下来的哲学之路，保持了精神之旅的特性，因为他的哲学分析了人的存在方式，对于**此在**"有限的超越性"作出了断言与决断。在它追寻"诗意的栖居"时，它获得了神秘主义的特质。而当海德格尔投身于乡下黑森林偏僻而简易的冥想生活时，他的哲学又获得了修道院式的特质。不管用哪种方式，海德格尔的思考都致力于一种精神领域的揭示，将平常的世界变成完全特别的、神秘的东西。101 但这种揭示显然是内在于世界的，它不是要告诉我们一个超越我们经验的世界，而是要将意义带到我们早就深陷其间的世间纠葛中。

阐释学与海德格尔的本体论

伽达默尔毫不迟疑地承认海德格尔思想的光辉与深度，他的大部分思想都反映出海德格尔思想的烙印。对于伽达默尔而言，海德格尔重新找到了艺术品的"**事件**性格"（"*Ereignis character*"），让伽达默尔可以将人类理解的一般模式与艺术的游戏联系起来；海德格尔启发伽达默尔，阐释的现象就是一种本体的现象；海德格尔发展的真理概念在《真理与方法》中也得到了援引——真理显现于未揭示的黑暗中，它被黑暗包围、塑造，并总是退回到黑暗中（Heidegger 1993a；Gadamer 1994，91-93）。海德格尔的影响如果要列成单子的话，可以拉得很长，但所有这些影响并没有让我们觉得，伽达默尔就是简单的海德格尔论者，即使在本体论的问题上依然如此（cf. Schmidt 1994）。

几乎在海德格尔发展的每个阶段，伽达默尔都能找到用他的思想可以领会的东西，所以对于伽达默尔的读者而言，伽达默尔对海德格尔的反对观点并不十分突出，尽管事实上这些反对观点十分清楚。一个很常见的反对之处，是他始终在术语上与海德格尔保持一定的距离。伽达默尔使用"意识"（consciousness）一词，而不是海德格尔的"**此在**"，从中就可以看出这一点。对于海德格尔来说，新的本体论需要术语的革新；而对伽达默尔而言，新的哲学观点为了便于交流，需要的只是大家对已经在说和在用的语言稍加改编。伽达默尔更加反对的是海德格尔始终把语言弄得很个人化和很深奥。伽达默尔说过这样一个故事，由于海德格尔后期的著作一直求助于对语言的理解，一次他向伽达默尔表达了自己对语言理解的失望，因为语言在发展过程中发生了意义上的变化和扭曲，海德格尔这样说道："但这就是天书一般难懂！"

102

事后，伽达默尔评论道："他是对的。它就是像天书一样。"（1992，128）

伽达默尔抵制海德格尔的语言创新，其背后是他对海德格尔驱使语言创新的辩论精神持有不同的意见。海德格尔对于哲学的历史总是带着"摧毁"、"恢复"的想法，想要通过诗意的阐释加以恢复。带着这种目的，伽达默尔认为，海德格尔的假定过于轻率，他尝试的思考方法是前所未有的，也不可能用传统的语言来思考。这种强烈反对的偏见具有两个后果：首先，来自传统的思想在还没有完全理解前，就被抵制了；其次，所"恢复"的东西通常是海德格尔在他要解释的思想家身上找到的、他自己想法中的一些东西。海德格尔抱怨说，在西方思想中对"在"有一种"健忘态度"，或者将它"遗忘"了，而与此同时，伽达默尔则经常指出：健忘的环节通常也恰恰是恢复的契机（Gadamer 1986d）。

于是，主要为了避免发展个人性的术语，伽达默尔说他的哲学具有海德格尔式的特征，——他的哲学从人类努力的各种方式中，寻找**事件**的尺度（*Ereignis*-dimension），即"在"所显现的特征。这就是伽达默尔要找的东西——不单单在他用哲学术语"时间性"、"历时性"讲话的时候，以及当他自己完全沉浸在历史与史学的研究中，对阐释传统的历史与理论产生特殊兴趣的时候。伽达默尔在以这种方式推动海德格尔哲学继续前进的同时，也改变了海德格尔哲学。于尔根·哈贝马斯说，伽达默尔是在"海德格尔的领土上重新规划"（Habermas 1983，190），他这样说的意思便是，既坚持海德格尔的哲学，同时又在本体论上重新定位，即这二者的结合。正因为伽达默尔避开了海德格尔思想上的偏狭，哈贝马斯才看到，伽达默尔的阐释学与当代的人类社会研究的关系是如此地密切。

海德格尔关于艺术与建筑方面的论著，其作用与影响力很大程度上与它们是本体论、而非纯美学或现象学的论说文有关。比较著名的如，海德格尔将"房子"与"居住"（"building" and "dwelling"）的观念加以逆转，由此，当我们想到居住时，较少去想房子里发生的事，而更多想到的是：它是"在"在世间的一种情形，一种启发我们应该如何去建造的方式，这种意识从"在者"转向了它们在本体论上更广阔的背景和基础（Heidegger 1971，145-149）。**当代人努力要把建筑与人类最终关心的内容重新联系起来，而海德格尔有效地将建筑思考提高到本体论思索的层面上，因此成为这一努力中的关键人物。**他的思考起到重要作用的例子之一，是他努力跨学科恢复"场所"概念中人类丰富的内涵，避免"场所"概念降格为操控"空间"的技术手段（Casey 1993；1997）。这成为卡斯滕·哈里斯努力前进的关键，他为之奋斗的建筑精神既不是巴洛克的唯美主义，也不是现代主义者如路斯的道德主义。海德格尔将建筑与一种对"在"直接的原始体验联系起来，后者完全避开了现代性（Harries 1997，160-162）。海德格尔用"大地""天空""凡人"和"诸神"这些术语，对象征意义王国进行听上去很原始的表达。但这种表达是否真的能与现代性发生关联，对于哈里斯来说是一个大问题。类似地，海德格尔在论述现代之前的黑森林农舍时，把它当作彻底理解建筑意义的典范，哈里斯也怀疑由此得出的结论（1997，162）。如何将这些东西翻译成现代环境中的东西？如何带着同样的场所精神，但却在相当不同的大地上，用相当不同的技术与材料去建造？

面对这个问题，克里斯蒂安·诺伯格-舒尔茨的处理方式　104

是：扩展海德格尔建筑思考的范围，具体地，他将海德格尔的建筑思考与建筑历史研究结合起来，目的是要在大的历史环境下让意义的一面显现出来（Norberg-Schulz 1975）。通过大量著书立说，他发展并扩充了一套基于建筑活力方面的解释语汇，同时增加到海德格尔的语言中去，例如海德格尔的那些辩证关系：天与地、死与不朽、定居与景观的关系、道路与场所的关系（Norberg-Schulz 1979; 1985）。诺伯格-舒尔茨的出发点比较靠近海德格尔，解释具有象征性的地方性建筑元素，但接着他就转向了对标志性建筑和整个城镇组织的解释。诺伯格-舒尔茨将海德格尔的观点加以历史性的运用，同时又扩展了海德格尔的术语，以合并到建筑师熟悉的语汇中去。从某种程度上说，诺伯格-舒尔茨对海德格尔思想的推动是以伽达默尔为方向的。但这样说，里面牵涉的东西有点复杂，因为诺伯格-舒尔茨在哪个层面上以及在哪个程度上利用了海德格尔思想中特定的本体论方法，并不总是很清楚，类似地，诺伯格-舒尔茨的方法在什么程度上，以一种建筑现象学（而不是本体论）的角色发挥作用，甚或只是以一种建筑形式的现象学发挥作用，也不总是很清楚。此外，让诺伯格-舒尔茨沉浸其中的建筑历史，是**通过**他的现象学规划来看待的历史，并未采用阐释学的研究方法——尽管阐释学研究的概念引领了多个时代的建筑思考，就像哈里斯、莱瑟巴罗、佩雷斯-戈麦斯所追寻的那样。这也是为什么说，用这些作者来阐明伽达默尔的建筑方法如何在海德格尔方法的基础上取得进步，他们是更好的例子。

然而，罗伯特·马格劳尔采用了另外一种策略。马格劳尔认为海德格尔的思想与其语言密不可分，以此为前提，马格劳尔可能比其他任何作者都深入挖掘了他语言上的细节，从而洞悉"在家""无家可归"和"回家"三个概念在本体论上的意义（Mugerauer 2008）。对于他的努力，我们可以看成是海德格尔关于"栖居在大地上"的概念的延伸，海德格尔后期的本体论可以说以此概念为中心。人处在诸多事物中，操劳着平凡的事务，对"生存"的 *Unheimlichkeit*（uncanniness[①]），也就是对无家可归（not-at-home，*unheimlich*）的"在世"方式总是很健忘，因为唯有人在"在"的问题上是敞开的。要想发现这种无家可归，就需要冒险进入思想所不熟悉的领域，尽管始终是在"在"的领域中，寻找"在家"（to be at home）的新方法。马格劳尔通过蛛丝马迹，领会到这种"冒险"是如何将海德格尔引入诗的语言的，领会到他如何将诗意的言语与哲学的术语混合在一起，以及领会到诗意与哲学如何走到一起，产生了海德格尔在本体论上高度原创的观点。黑森林风景的多种独特性，对于这些思考具有很重要的作用，因为对于海德格尔本人来说，它们体现了"在家"的基本特性，正是家定义了我们冒险的起点、旅行的终点，以及正是家让我们找到了与它相关的、我们需要承担的保护义务与保存职责。

　　每一位海德格尔学者以这种方式，接近海德格尔表达中最具召唤性的谜团——也就是"在"的谜团时，都必然会与特殊性与普遍性的问题打交道。我们究竟在多大程度上想**与**海德格尔**一起**，住在他那独特的风景中，周围是托特瑙山村（Todtnauberg）传统的房子，在多大程度上想与他**一起**住在他自己那个小屋，在里面他写下了那么多令人神往的思想（参看 Sharr 2006）？究竟在多大程度上，海德格尔的洞悉是和他所引用的诗相联系的，以及与他在著作中发展出来的精炼

[①] "uncanniness"是原文中对"unheimlichkeit"一词的英文说明，"uncanniness"是不可思议的意思，但 unheimlichkeit 一般直接翻译成无家可归。故此处没有直译成"'生存'的不可思议"。——译者注

的术语相联系的？海德格尔的著作关键在于（正如马格劳尔与其他人都相当清楚地论述了那样）让每个读者在他（她）的生活环境中，都能重新发现自己对"在"在思想上有限开放的个人经历。**对"在"的思考注定因人而异，绝不能让海德格尔来替读者思考。**但这个目标通常以含糊不清的方式，混入了海德格尔在这个任务中个人的斗争——那是他根据自己的个别情况坚持的斗争，并且还混入了辩论的工作事项，辩论似乎总是要让读者放弃视界的希望，这些视界是大部分读者都会自然带入文本的。

伽达默尔十分清楚海德格尔的目的以及这种模糊不清的地方，在多次拜访位于托特瑙山村的**小屋**（*Hütte*）之后，以及多次出席对审美学家和建筑理论家有影响的讲座之后，伽达默尔又一次在这个领域里，出人意料地与海德格尔特殊的术语与意向保持了距离。在他的著作与采访中，他对于海德格尔的严谨与精确表示欣赏，但他担心：以十足的忠诚复制海德格尔的语言，这种企图太容易变成一种对海德格尔本人的忠诚。他希望学者们能够真正仿效的是海德格尔对程式化表达的不满，希望他们能够找到反映他们自己环境和研究内容的表达方式。

语言的本体论

海德格尔有一句名言，"语言是存在的家"。在这个陈述中，我们可以听到苏格拉底信念的回声，苏格拉底相信语言具有很多东西可以指导哲学家，而在苏格拉底与海德格尔这两位哲学家之间，我们看到伽达默尔找到了他自己的表达方式。他著名的断言是，"能被理解的存在就是语言"（1990b，474）。伽达默尔的这一陈述，意思是任何对"在"的哲学思考都是一种阐释学的探险，"在"总要通过语言清晰地表达出来。语言作为理解与表达的中介，形成了最终的视界。但即使这最终的视界，我们也必须坚持它是开放的。语言总是向意义那不限定的潜能开放，于是语言中到处都缠着已知与未知的秘密。因为这个原因，伽达默尔从来都没有将语言只看作一套表意的系统。否则就变成了封闭的视界。他经常把语言看成不仅如此，还是一种存在行为：把言语的意义带入行为，以及用言语来清楚表达经历。语言活在理解与发现不断前行的过程中，被理解与发现所改变。

"能被理解的存在就是语言"，伽达默尔的读者有时凭这句话认为，非言语类的表达形式例如建筑形式，其本体论的地位就没那么明显了，或者多少就无法理解了。但事实上，伽达默尔的概念是广义的语言观念或语言性（Sprachlichkeit），已经包含了这些表意形式。无声的艺术性产生于与言说若即若离的关系中——虽然它试图体现语言之外的东西，但却采用一种向我们"言说"的方式。在这种无声的"言说"中，我们可以体验到很多具有联想性的示意或者指示，其作用就好像未充分发展的言说。正如伽达默尔在他的视觉艺术"结巴说话"的观点中所解释的，与其说无声的作品缺乏语言的表达，不如说它憋了太多的话要说，以至于什么也没讲清楚。

更基本地，我们可以说伽达默尔在哲学上的所有努力都致力于寻找"在"的神秘运动，通过"在"的运动，特殊的事物和具体化的事物（即意义被具体化后、用于体现意义的事物）**最终得以言说**，达到了一种可以沟通的层面，并进而反过来塑造经验本身。正是伽达默尔在这方面的痴迷，使他在《真理与方法》的第三章中，将焦点会聚在了中世纪托马斯·阿奎纳（Thomas Aquinas）关于"verbum interius"的思想上。"verbum interius"的意思是"内心的语言"（"inner word"），它的兴起与奥古斯丁及托马斯·阿奎纳的努力分不开，他们想在人类经验中，找到类似物来表达基督教"道成了肉身"（word made flesh）[1]这段神秘的约翰福音。在此背景下，"内心的语言"与"外在的语言"不应该看成是"灵魂的语言"以及相对的"外在、世间的语言"，而应该看成是更加原始的意义：现实与可理解性的交织，通过语言得到成功的外在表达，而又（因为语言表达不可避免的非完整性）把人吸引回丰富的原初经验上（Gadamer 1990b，418-428；Arthos 2009；Grondin 2003，134-137；Risser 2007）。根据这种交织的意义，伽达默尔的语言本体论就像海德格尔的语言本体论一样，站在了语言视界的边界线上。与之相伴的还有诗人与艺术家们，他们在语汇的示意与含糊表意间，寻找着语言具有的启示性力量。语言的视界对于"言说"来讲形成了一个边界，但它也总是敞向"尚未言说"的领域。

时间的本体论

海德格尔的本体论中，一个具有决定性的论断便是：**此在的存在方式便是时间**，或者说是时间性。当我们考虑时间的时候，我们总是不禁把自己想象成穿梭于时间的稳定实体，或者像一艘漂浮在时间溪流中的船随波前行。海德格尔在《存在与时间》中试图转变这种想法，他说我们不是穿梭于时间而运动的人，而是作为时间这种运动本身而"存在"的人。这里的意思是，我们之所以显现出来（时间上的出现与空间上的"在世"出现），是因为我们不断从预想的未来，运动退回到相对未来而言属于过去的一个状态。**显现不是一个静止**

---

① 翻译直接引用了和合本的《新约全书》。——译者注

状态，而是不断实现的一个过程。我们出现在这个世界从来都不是简简单单的；我们的出现，源自两方面力量作用的结果，即还没有"在"的将来，与再也不"在"的过去，这是两种巨大的难以想象的"未在"。

占有我们的"在"，就要占有我们在时间上的有限性，要明白巨大的黑暗到处都是，而经验、理解与真理只是其中闪烁的一个光点。在这种理解中，还有一个情况，那就是我们的超越性、我们能够意识到"在"的惊人能力，它让我们区别于一般的物体，它们只是在时间的黑暗前行中显露自己而已。理解的时刻（Augenblick）本身就是光的汇集，从一定意义上说，时间在这个时刻上，为了揭示时间的意义，也被汇聚到了一起（Heidegger 2010，312-314；Sheehan 2001）。

海德格尔关于时间的观点彻底地影响了伽达默尔的思考，其最明显的一点是，伽达默尔在视界与历史性这两个概念的发展过程中，一直关注着时间性。但是伽达默尔在这里也和在别的领域里一样，强调要以一种整个历史的哲学思考，来延续海德格尔对时间的思想，而不是停留在海德格尔对历史的背离上，并且伽达默尔还从一般经验中寻找理解的契机（Gadamer 1970；1972）。艺术作品感动我们，这种对"在"显著的体验就具有这样的特点。在楼梯上，当建筑的艺术性突然从背景中浮现出来，闪耀光芒，这一刻艺术家曾经所做的事，以及为什么这么做，这些不再只是一系列历史事件，而是似乎突然获得了一种重要性—— 一种"在'在'上面的添加"。

这个例子表明，在伽达默尔思想对建筑的相关性上，时间的本体论占有重要地位。我们看到，伽达默尔对日益视觉化、瞬时化的建筑美学表示失望，因为他相信建筑本质上是一种时间艺术，它若要有效地揭示我们"在"的方式，就要用贴近生活的描述方式向我们展示。唯有在这种时间性的展示中，

109

将时间聚集到一起的瞬间才能以充满意义的强大力量来到我们身边，就像伽达默尔的楼梯，或者霍尔的原型体验，或者于巴尔的设计顿悟。换言之，建筑的"装饰性"不只是审美或体验的特性，而是扎根在"在"的时间性上的。

怀疑的阐释学

"怀疑的阐释学"这个名词是由保罗·利科（Paul Ricoeur）杜撰的。他对这类解释形式加以归类，以表达这种阐释学对意识的证据、理性和自我意识的怀疑。利科用这个词表达这种心理活动，部分源于尼采的哲学思想。尼采对西方概念思维的整个大厦加以猛烈的攻击，他宣称每一次抽象都削弱了生活的丰富性，耗竭了生活的力量，把生活变成干瘪的"概念－木乃伊"，然后被西方形而上的实践者们塞进了理论体系的骨灰堂里。尼采说，他们这样做就好像假定了一个想象的王国，具有普遍的、先验的、以概念说明的、形而上的现实性，而在生活中，他们的行事方式实际上和所有人都一样，根据对活力、对征服和对创造产生的种种控制欲来行事，或者简单说，就是根据权力意志（will to power）行事。而怀疑者则认为，关于传统哲学核心位置的概念合理性，所有的断言都是天真的，或者虚伪的，或者二者兼有。对于尼采而言，苏格拉底哲学中高度理性化的道德论是文化衰退的早期症状，它背叛了信仰：为生命而斗争具有一种尊严，它体现在高贵的勇士的性格形成上，并在高雅的希腊悲剧艺术上得到提升（Nietzsche 2006，114-123，456-485）。伽达默尔说，尼采思想对于解释行为具有决定性的影响，就此他说道：

110　　　　"权力意志"完全改变了解释的概念；解释不再是指

对文本进行说明这种显而易见的意思，而变成了在保存生活方面，文本与解释者的作用。权力的延伸——这是我们太人性化的（all-too-human）洞悉与认识的真正意义。

（1984b，58）

20 世纪，尼采的影响在欧洲与美国的文化中到处可以感受到，但可能首先是借助于弗洛伊德的精神分析理论而得以实现的。弗洛伊德的理论阐明了无意识的人类意志具有强大的生命力，这种意志在我们精神的某些层面，总是让我们处于与社会强加给我们的道德规范相冲突的状态中。我们也通过马克思主义的形式，而感受到尼采的影响，马克思主义利用了尼采的怀疑论，揭露了资本主义关于普遍经济理性的主张，暴露其被掩饰的统治愿望。海德格尔也深深地受到了尼采的影响，尼采拒绝西方形而上的理性主义基础，认为这种理性主义将在 20 世纪，因现代科学与技术而继续成为形而上的基础。但海德格尔认为，尼采在某些方面保留了一种意志上的形而上学，这种形而上学以某种形式出现在康德思想中，又以一种非常不同的形式出现在叔本华（Schopenhauer）思想中。

一些被归类为"后现代主义者"和"后结构主义者"的思想家将尼采的思想进一步激进化。这其中（其间为数众多）包括雅克·德里达、米歇尔·福柯（Michel Foucault）、让-弗朗索瓦·利奥塔（Jean-François Lyotard）、吉尔·德勒兹（Gilles Deleuze）以及让·鲍德里亚（Jean Baudrillard）。尤其在法国知识界，弗迪南·德·索绪尔（Ferdinand de Saussure）与埃米尔·邦维尼斯特（Émile Benveniste）的结构语言学，连同克洛德·莱维-斯特劳斯（Claude Lévi-Strauss）的结构主义人类学，以及雅克·拉康（Jacque

111

Lacan）从结构主义角度对弗洛伊德理论进行的重新诠释，导致了被争议的问题更加宽泛，而不只是意识理性与生命意志之间的冲突。结构主义揭示了在每种符号表现与符号形成中，二元对立模式不可避免，这似乎进一步危及了有意识的理性思维所要求的自主性。一些起作用的意符系统（Systems of signifiers）规定（order）着语言、意识和意义，但它们不可能被意识征服，也不服从于控制。

　　与结构主义、后结构主义相关的著作，系统过于庞大，这里不便作总结概述，我请读者参考本丛书——"给建筑师的思想家读本"的相关书籍。但与我们主题特别相关的一个地方，就是雅克·德里达的解构主义哲学，因为 20 世纪 80 年代曾有一次让德里达与伽达默尔一起对话的著名尝试，因为该事件说解构主义失败了，**由此引发很大争议而变得家喻户晓**（succès de scandale①）。1981 年，在巴黎的座谈会上，伽达默尔就其哲学阐释学范围内的主题作了广泛的说明，而德里达则带着惊人的简练，只提了三个关键问题来回应他（Gadamer 1989; Derrida 1989a）。第一个问题聚焦于"善良意志"（good will）。伽达默尔主张，理解需要一定程度的善良意志。德里达的问题是，这难道不是重新引进了海德格尔所反对的"意志中的形而上学"吗？第二个问题涉及精神分析，问的是优待意识的作用，以及是否合理。第三个问题关于一致意见的达成：一个人应该与他人达成一致意见，这个前提假设中难道不是有一种预判断在起作用吗？这些问题的关键性以及它们对伽达默尔关注的简短性，给我们留下了两位思想家天各一方的印象。

　　很多人预想：伽达默尔与德里达共享着现象学与海德格尔

① "succès de scandale"，即"来自丑闻的成功"，时常用于艺术作品中，指作品的成功或出名或多或少与公众对作品的争议有关。——译者注

哲学的共同背景，这或许可以为他们的讨论提供共同的起点。但关于海德格尔对尼采思想的使用，两位哲学家持有不同的意见。这一意见的分歧，立即形成了两位哲学家的分道扬镳。海德格尔反对西方思想中僵化的、形而上学的范畴分类，他在尼采的反概念论（anti-conceptualism）中找到了对应的呼声，但他认为尼采关于意志的哲学是另一种形而上。德里达认为海德格尔没有很好地转换尼采传授给我们的哲学语言。尼采对概念论的攻击，以及他所采用的那种修辞的、文学的和论战的论述形式，造成了人们对他的困惑，而对德里达而言，这些正构成了尼采与形而上之间更为激进的分裂，其程度超出了海德格尔本人所能领会或者做到的。因为即使在海德格尔思想更为诗意的部分里，他也总是想找到一切的基础，这和柏拉图、亚里士多德**逻各斯**哲学的目标是一致的（Derrida 1989b）。

从这个观点看，伽达默尔甚至比海德格尔更加不那么激进，更加逻各斯中心论一些，因为伽达默尔反对尼采很多关于语言的自明之理（axioms），他确信尼采误解了古代哲学家开创性的洞察思想，反对尼采把一种语言与实在性之间专断的关系说成是基本教条，而不是发展成可能有道理的哲学结论。可能有人认为，促使形而上传统形成的基本问题是，"为什么事物彼此相似、为什么有模式"这类问题。沿着尼采、德里达的道路走，就是要质疑这些问题的答案是否可能存在，甚至主观上是否愿意它存在。如果一个人不再追求一种只在智力上的现实性——从愿望上（和/或兴趣上）放弃任何这种有所成效的追求，那么他将明白，意识行为中具有导向性的推理，对于无意识的隐喻、转喻联想都是无足轻重的。从这个角度看，海德格尔和伽达默尔仍然是"形而上论者"，因为无论他们多么抵制形而上的理论，他们仍然专注于问题"本质"的答案，而答案恰恰启发了形而上的理论。

我们说德里达对"**为什么模式化**"这个问题有所怀疑，并不是说他对清晰的模式不感兴趣。相反，他致力于结构语言学的范围与深度不亚于伽达默尔致力于古典语言学。但德里达对模式的讨论是不同的。**一位研究德里达思想的学者可能会说，德里达在这方面甚至超过了伽达默尔，他把重点放在了塑造我们言说与行动的模式上，尽管这其间存在着人的意图**。语言的结构根据它自己的方式与我们发生关系，达到了超过我们意识的程度。但语言从没有像在语言学或哲学传统中所想象的那样，如此干净利落地发生作用。每种差别、每种明确表达的差别，都为了自己的差别性，而依靠与之区分的对比物，这样它就保持了与对比物之间的参照，即使它与对比物之间非常不同——这就是德里达用他意义含糊的术语"**延异**"（"*différance*"[①]）所理解的含糊性。解构主义走的路就是要追随多种意义后延，例如当文本正要明确把联想、暗示、示意、升华丢在一边的时候，它又同时隐含了它们（Derrida 1982）。解构主义反对将人的思想限制在对推论的推理上，它因而经常是游戏性的，带有一种伽达默尔必然赞同的艺术性。但是伽达默尔必然认为：解构主义错误地强迫自己做出了一套消极的策略，只能得到某种有限的洞察：

> 你的起始点只能是对错误的先验观点进行惊人的转换，这种转换只是启示之光忽然一闪，当谁再去寻找文本中同样的映像时，启示之光再度消失。
>
> （Gadamer，et al. 2001，62）

德里达的第三个问题显示，他怀疑对话，怀疑为了"互

---

① 这是德里达自己创造的法文词。——译者注

相理解"而做的表面上的努力。口头的言语容易给人一种错觉，仿佛说话的人在控制语言，仿佛通过恰当地说话，语言就必然表达唯一的、固定的意思。但在书写的文本中，语言的使用方式却在它们十足的模糊性中得到了更好的揭示。解构主义正是因为它与文本打交道，所以最佳地揭示了作者可能尚未察觉的含义与内涵。德里达怀疑: 通过对话来实现理解（这是伽达默尔阐释学的核心），这所谓的目标中有一种愿望，想要吸收对方的"他性"（otherness）。"一致意见的达成"总是意味着一个人要放弃一些差别性，因此达成一致意见的目标必然掩饰了让对方放弃属于他们自己的某些东西的想法。德里达认为，尊重不一致的意见比起尊重一致的意见，是一种更大的尊重，他选择了一种不在共同理解条件下的相互关系，这种关系有意保持了对方的"他性"。就此而论，我们可以看到，为什么德里达认为不参与伽达默尔对话，对他来说是重要的。就该行动本身而言,解构主义正是在这样的行动中，放弃它在目标与假设中的一些东西（Simon 1989; Madison 1989）。

当我们在这种对立中让伽达默尔与德里达一比高下的时候，我们最终必然面对这样的问题: 什么才是在争论中、实际层面上利害攸关的。在此我想说，他们二位可能都会同意一个答案，那就是他们都在寻找人际关系的一种形式，一种超越操纵与暴力的形式。对于伽达默尔来说，这一直是哲学家最有价值的目标。阐释学至少为这个目标作了点小小的贡献，它澄清了人们在寻找理解、达成合理共识时所牵涉的复杂事物中的一部分内容。伽达默尔注意到，在语言的潜力中，有一种开放性可以帮助我们克服可能引发敌意的差异性。德里达则抱有相当对立的观点。只要目标仅仅是语言层面上的同化，那么敌意就永远不会被消除，因为目标本身总是偏向于同质性，正如历史所证明的，西方总是在全球范围内努力同化和消除地方文化。但这里，伽达默尔会说，德里达低估了语言的能力，它会创造既非同化又非对立的东西，一种属于第三类的成就；如果对此有所怀疑的哲学家相信，"他性"在人类历史上大部分时间曾经是树敌的基础，而现在却应该变成通往和平的道路，那么这种突然的乐观主义必然受到哲学阐释学的质疑。

所有这些关于伽达默尔与德里达的洞察，都只是简单地将两位观点中明显对立的部分放在了一起。比之更为复杂的，是不少学者挑起重任，想要在两种不同的观点中，搞清可以得到哪类和解，或者哪类有效的相互关系。比方说，詹姆斯·利塞尔（James Risser）多次提醒我们注意：以伽达默尔认识与体验真理的环节为背景，有一种属于潜在意义的隐秘的无限性，潜在意义永远也不能被充分地认识，因为我们的生命是有限的。换句话说，在伽达默尔关于意义与真理的观点中，有一种不可解决性，这出乎意料地拉近了他与德里达之间的距离（ Risser 1997, 128-138, 163-168; 2000 ）。理查德·伯恩斯坦（Richard Bernstein）把伽达默尔与德里达的相遇，重新想象成一系列批评与应答，从而产生一种富有成效的紧张状态：

> 一方面，伽达默尔帮助我们认识到，德里达的那种协商方法是一种**实践智慧**（*Phronesis*①）的形式，因为德里达认为，这种协商方法对于做出可靠的决定与行为具有根本的作用。但另一方面，德里达阐明了**实践智慧**的复杂性

---

① 亚里士多德将实践智慧（phronesis）与哲学智慧（sophia）区分开来，前者针对实践，后者针对理论。——译者注

与风险，警告大家不要将它简化为技术的验算，也不要照搬普遍的法则。用德里达的术语说，就是总有一个缺口、一个深渊，它是我们在做出可靠的决定时必然要面对的，无论是道德的还是政治的决定。

（Bernstein 2008，597-598）

可以说，阿德里安·斯诺德格拉斯与理查德·科因是在设计教学领域里寻找伽达默尔与德里达之间一种类似的和解。他们在伽达默尔那里找到一种解释体系，可以帮助他们重新整合建筑学教育中越来越各自为政的结构，并且他们认为用这种方法对待建筑历史的话，可以克服现代主义对传统造成的"设计健忘症"，而又不至于陷入纯粹的保守主义（Snodgrass and Coyne 2006，131-146）。但是在当代环境中发扬建筑传统，需要对新事物、对他人一直保持开放性，因此德里达对"他性"激进的理解，以及十分必要地，故意不对"他性"强加什么预期，这些思想都具有一定的价值。在描述后现代主义思想对建筑实践的普遍影响以及德里达思想对建筑实践的特殊影响时，科因恰当地警告我们，不要一下子就跳到形式与风格的问题上去。我想说，后现代建筑与国际主义风格在外观特征上的决裂，并没有让它摆脱现代主义**本身**，甚至后现代建筑也一样乐于自由探索，就像现代主义在绘画与雕塑中经常出现的自由探索一样。当然，后现代建筑夸张地引用了很多历史建筑的形式，这种讽刺性与游戏性是与后现代理论相关的，但似乎很多人都把这种理论的相关性归纳到一种风格上，或者一种美学主义的新形式上。**早期解构主义的建筑师吸取"解构主义"的思想，而不是照着"解构"字面意义的理解，创造看上去快要塌的、或者从内从外看到处都快要爆炸似的房子。这种对于解构主义不成熟的理解，公正**

116

地说，产生了某种与谦卑、开放相对立的东西，而谦卑与开放才是德里达所追寻的。甚至，这促使了建筑师摩西·萨夫迪（Moshe Safdie）对建筑的**狂妄自大**提出谴责，他在那份广为人知的谴责中说，建筑的自大迫使建筑使用者听从解构主义、一种简直就是想象出来的解构主义的命令，建筑的自大通过将解构形象化，让人们始终服从于对暴力的赞颂（Goldberg 2009，10-11）。

科因认为，这种把德里达的思想转换到建筑形式上去的行为，错过了德里达思想对建筑领域来说可能是最重要的相关部分，这个部分即他的理论贡献，对建筑教育来说，他的理论贡献具有特殊的重要性。德里达研究的问题针对的是整个思想传统，它因此和伽达默尔的阐释学共同分享了理论研究的同一空间，但是解构主义往这个空间里引入了一种激进的提问方式，它要求的开放性甚至比伽达默尔曾预期的还要大，这种激进的开放性，必然是设计所普遍渴望的（Snodgrass 与 Coyen 2006，95-107：Coyen2011）。

超然与神秘

哲学的历史显示，长期以来哲学的"存在"问题与神的超然存在、或者说上帝的"存在"问题纠缠在一起。伽达默尔思想在普遍观点上，表明了对这种联系敏锐的理解和充分的领会，不过伽达默尔远不及一个愿意接受宗教传统生活的人，伽达默尔努力避免产生一种类似于宗教的或者有哲学意味的哲学。对他来说，人类有限的边界使得人类的哲学范畴绝对不足以思考神的问题。为此，他喜欢说："但愿人必须是神。"在伽达默尔的这句话中，弗雷德里克·劳伦斯已注意到一种康德哲学的中心信念，即相信超越经验的思索会卷入无

117

法解决的自相矛盾之中（1990）。伽达默尔具有路德教的背景，路德教强调罪恶用于区分人界与神界的鸿沟，人们有时把伽达默尔的这个宗教背景说成是他怀疑技术的源头之一，对此我们需要补充一句，他本人并不信教，虽然他说他经常想象自己要是教徒该有多好（Grondin 2003a，335-336）。

但是我想说，伽达默尔关于宗教的哲学立场的哲学核心，在于他为阐释学所看中的谦逊角色上。因为阐释学解释传统，所以伽达默尔思想对宗教传统的关系是解释者的关系。正如他自己的阐释学所必然坚持的，一个人对别人的信仰视界如果没有从内心深处加以开放的话，那么他就无法解释这种传统。我想说，伽达默尔不仅意识到了：他对信仰传统的开放态度具有这种阐释的特性，而且还对此感到自豪。这是他可能与海德格尔形成对比的另外一点，他经常说海德格尔哲学一生都在致力于寻找上帝。这一说法令人意外，因为海德格尔早期厌恶天主教教义，随后又避开教他怎样读基督教圣经的路德教思想。毕竟正是海德格尔，后来将基督教哲学称为是"一种荒谬的东西，一种让人产生误解的东西"（2000，8），也正是海德格尔，说他哲学所关心的"在"（"being"）绝不是超然的"在"。根据海德格尔的理解，当一个人把上帝视为一种"在"（a "being"），并始于这样的假设时，一种曲解就被引进来了。但伽达默尔认为，在"承认'在者'是'在'着的哲学理论"中，听从一种新的办法来处理神的问题，一种能够抵制上述这种曲解的新办法，从来都没有错（Gadamer 1994，chs. 14-15）。然而，在这个事实中我们有一种感觉，海德格尔可以被想成是在**对抗**宗教传统，以便得到关于上帝更真实可信的概念，而这限制了他在自己发出的声音中听到那些传统的声音的能力。伽达默尔在自我意识中把自己视为一个解释者，从而小心地避免着这种对抗性。

当伽达默尔转向先验主题时，他经常依靠古希腊哲人。他总是着迷于苏格拉底和柏拉图在对同时期的宗教假设提出大胆挑战时所表现出的个性。例如，在《欧绪弗洛篇》（Euthyphro）中，一个年青而倔强的神职人员把宗教的虔诚轻易地定义为对诸神意愿的服从。但苏格拉底疑问道：如果我们指的"诸神"是荷马式的人物，总是彼此争论、彼此斗争，那么要服从哪个意愿呢？我们在苏格拉底此处的提问中看到，哲学在面对传统时所反映出来的无所畏惧，他疑惑神是否不只是诗人作品中所能找到的荒谬的生物。苏格拉底的疑问中还暗示了一个伦理方面的挑战：正如他与欧绪弗洛所论及的那些诸神，他们真的值得崇拜吗？但是，苏格拉底并不是要用一种新的宗教，去取代荷马式的神学体系，而是要提出哲学家永不满足的疑惑，以及说明他们在学术上的懵懂无知。这对伽达默尔来说，可能是当代哲学家应该采取的一种正确姿态。这种姿态并不像启蒙运动的思想继承者所做的那样反对宗教言说，但它也不传播宗教思想。它并不提供一种等价于宗教信仰的哲学思想，而是为宗教与哲学在思想方面的调解提供诸多可能性。**甚至，在伽达默尔的晚年，他认为最为急迫的任务不应该是克制世界上伟大的宗教文化，而应该让它们更好地彼此理解**（2004，140–141）。

这种对宗教经验积极的开放性，或被一些在宗教、神学方面有兴趣的人小小地修改，并加以采用。这在安杰伊·维尔辛斯基（Andrzej Wierciński）的论文集《人神之间》（Between the Human and the Divine）中，通过各

种论说文被大量地论证（2002a）；我们在阿尔斯（Arths）（2009）、劳伦斯（2000;2009）以及维尔辛斯基（2002b）那里，也看到了这种开放性，他们努力把伽达默尔的分析用在了内心的语言（inner word）和三位一体的神学方面，其

方式超越了《真理与方法》的论证；同样的开放性，还可以沃尔特·拉米（Walter Lammi）为例，沃尔特将伽达默尔的思想与否定神学[1]的传统联系在了一起（2008）；而在建筑师事务所中，这种开放性帮助林赛·琼斯与托马斯·巴里去解释建筑中的宗教意义。但如果我们要把伽达默尔的思想用于发展一种完全的基督教神学，就像鲁道夫·布尔特曼（Rudolf Bultmann）与卡尔·拉纳（Karl Rahner）从海德格尔本体论发展出的基督教神学那样，这就有点强人所难了（Macquarrie 1955；Sheehan 1987）。伽达默尔与布尔特曼一起共事多年，但伽达默尔从未被布尔特曼对福音书"去除神话性"的海德格尔式解读所吸引。说布尔特曼使用了海德格尔的思想，使他能够洞悉基督福音的核心，这点在面对文本时似乎并不那么站得住脚（Gadamer 1984a，11）。

在这种联系中我们看到，伽达默尔再次抵制把阐释学本体论变成一种终极的哲学，一种站在历史尽头、成为这一发展进程中最终成果的哲学。对他来说，阐释学不是用一种语言去取代宗教的表达，或者哲学的表达、真理的表达；它一直是一种**深入到**每种传统**内部**的途径。伽达默尔对于发展个人近乎终极的哲学之类的东西表示缄默，他承认这让他看上去可能更像一位"Dasein"（**此在**），的哲学家，更关心"Da"，即在那儿（那时、那样），而不是"Sein"，即具体的存在（Gadamer 2004，130）。但这个"**在那儿**"（Da）具有不可否认的决定性特征，那就是人类意识以一种不可思议的方式"在那儿"——它没有被世间的普通事务融为一体，而是因为有理解、有疑惑而突显出来。这种"疑惑"处于所有本体论、所有哲学甚至每种宗教探索行为中的核心位置。

---

[1] "否定神学"或者译为"消极的神学"，简单地说通过"天主不是什么"来接近天主，而不是正面地回答。——译者注

（宗教）向我们提出了一个不可规避的问题，这个问题也可能是一种希望，或者更确切地说是一个任务，要把我们的相互理解统一起来。这个最终为道德上的问题，离不开我们对自我生存的疑问与理解。

（2004，143）

具有阐释学思想的建筑师

我在本书中所讲述的伽达默尔哲学，涉及了阐释学与建筑的多种相关性。这些相关性具有各自的价值，建筑师可以在阐释学中找到它们的所在，我将它们组织在不同的"章"里，以此强调它们在价值上的差异性。但是阐释学以不同的外表呈现出来，最终还是体现了同一种阐释学方法，所以它们也能有助于形成一种统一的意识，一种建筑师在处理不同环境、不同事务时的统一意识。接下来，我对本书的探讨作一个总结，这可能有助于我们简单地回忆一下阐释学之于建筑、形式多样的相关性，以便明示一种在二者背后的、基础层面上的统一性，并以一种定性的描述——描述一下具有阐释学思想的建筑师的特征，来结束我的探讨。

我们一开始讨论了艺术中的游戏。伽达默尔坚持认为游戏是艺术的一个决定性特征，当艺术家把自己交给游戏内在的活力时，游戏在艺术中的特性便被释放出来了。伽达默尔思想强调游戏的重要性——即使在最严肃的艺术中，游戏也以一种基础性的东西存在着，它还与寻找真理的很多方法有密切的联系。通过强调这种重要性，伽达默尔思想为建筑创造与建筑含义的文化意义提供了强有力的理由。因为这些原因，建筑师在受到游戏阐释学概念的启示后，在创造性上会得到更大的支持，并且我们希望建筑师还能在创造性上变得更加大胆。

我们从游戏谈到了历史的主题，一个特别关注的问题是，今天的建筑师应该接受过去，还是把过去抛在身后。过去对今天具有不可规避、同时又经常被低估的影响，伽达默尔的阐释学通过强调这种影响，来说明现代主义以今天对抗过去而形成的局面，是一个让它陷入极大错误的困境。

121　　阐释学的理解使一个人不可能只是重复过去，也不可能完全从历史中跳脱出来。要理解这一点，就要鼓励建筑师把他们所做的工作看成是与建筑历史进行创造性的对话，也就是对历史进行持续的批判性解释。他们最终会把今日建筑和未来建筑的意义，看成是这种对话的产物，对话的对象虽然已经逝去，但仍然回响在当代的生活中。

　　我们已经明白，建筑在文化持续发展的历史中具有重要的地位，这使得它与人文学科具有密切的联系。根据伽达默尔的观点，如果建筑脱离人文学科，误认为自己主要是对功能问题的技术性解决，那它就陷入了险境。由于建筑与人文学科具有密切的联系，所以当高等教育的专业组织与机构认为它们的主要任务或者说它们去竞争的唯一方法，是为科学技术领域投入自身的资源，而任由人文学科衰败，那么就人文学科受到威胁而言，建筑也会受到同样程度的威胁。

　　我们看到，伽达默尔把阐释学描述为实用哲学的特征，这一特征描述有助于说明："实用"并不肤浅，也不是对设计条件的一种屈服。意识到多个视界的作用、对多个视界多种性质加以开放，这可以使"聆听"与协商得到深入。如果一个建筑方案是成功的，那么"聆听"与协商必定也是成功的。经由认真的、深思熟虑的过程，在理解方面和社会方面达到的品质，绝非是实现建筑目标的羁绊，它们具有属于自身的价值，并且价值就包含在它们自己身上。

　　伽达默尔的阐释学被视为一种"在"的哲学、一种本体论，这一点可以提醒具有阐释学思想的建筑师：建筑就像哲学一样，有可能实现某种最深层的疑问方式，也就是对存在的神话的疑问。对于所有的游戏性与直接实用性，对于所有限制性的条件，包括业主动机的参入，包括建筑创新必然会面对的公众不自信，建筑总有一种潜在的力量，将想法与人的精神转变成最终的实物。

阐释学的洞悉具有的不同形式——游戏性、对历史的理解、人文主义的学习、实用的互动性以及本体论，它们都统一在阐释现象学之中。 在每一种形式中，人们的行为都带有一定的意图，无论是游戏、提问或者解释，目的是要对这个共享的世界施加一定的影响；而在这些行为中，人们发现他们总是涉入不是由他们自己创造出的意义中。施加影响的愿望，或者说个人意图的构筑，恰恰源自更大的意义世界，在这个世界中，人的意识不仅仅是一种主动参与，也是一种结果。要有阐释性的头脑，首先就要在人的工作与生活中，对这种方法的运作变得敏感。要有阐释性的头脑，就要找寻这种方法，并找到在什么样的环境下，用这个方法进行正确评估能帮助我们找到理解与误解之间的差别。

因此，最后用什么来辨别一个具有阐释学思想的建筑师？有人可能会说是一种敏感性——在他所敏感的地方，游戏可能是恰当的，问题的线索可能藏在语言与历史之中，在他所敏感的时刻，"聆听"或许优于"言说"，质疑他人的假设之前必先质疑自己的假设。这种敏感性与知识相关，虽然我们并不能只根据大量的知识，就说一个建筑师具有阐释学的头脑。这种敏感性也不全是经验或技术的事情，虽然经验与技术发挥了重要的作用。它是一种参与，一种探索，一种认识、预期、询问以及与多种可能性打交道的游戏。

我们可能会说，有阐释学思想的建筑师所具有的品质，让我们特意回想起了苏格拉底关于智慧的想法，以及苏格拉底相信的，一个人在追求智慧时必然采取的迂回路线。智慧不是某种知识，也不是某种技能，或者某种特殊的品质，但它可以补充知识、技能或品质，使之完善。苏格拉底被认为是智慧的，但他坚持：他所拥有的任何智慧，都首先是由他认识到自己懵懂无知这一意识所形成的。这种意识使他不安定，使他成为一个永远的探索者，寻找更伟大的真谛；这种意识孕育了一种探求，一种以非凡的强度来进行的探求。

智慧令人渴望，就如同它令人难于理解一样。每个人都期望充满智慧的国家领导人或者聪慧的医师。如果我们说一个"有智慧的建筑师"，这听起来有点奇怪、有点夸张，那么让我们想想建筑师所要面对的所有挑战，想想他们为了艺术的追求、传统的遗产、技术的限制与可能、各利益方的预期，而必须处理所有带有分歧的决策环境，我们这样想时就会明白：建筑师需要的肯定不仅仅是智慧，而且是所罗门 ① 的智慧，是穿越冒险、正确前行、达到真正有价值的目标的大智慧。

---

① 大智者的代表。——译者注

延伸阅读

对于我尝试撰写的这本简述一位大思想家工作的书，我们希望它是一把能开启众多大门的钥匙。其中有一扇大门，它开向伽达默尔自己的著作。读者循着我对《真理与方法》一书部分中心思想和内容的介绍，可以直接参考原书，理解其间论述的路线，该书梳理了两千多年的哲学史。但还有些读者或许想停留在简短的介绍上，这里我就一些相关短文，谈谈它们的价值。伽达默尔本人认为，某种程度上《关于理解圈》（On the Circle of Understanding，1988）比《真理与方法》更好地阐述了他阐释学的概要。在《哲学阐释学》（Philosophical Hermeneutics）中，前两篇论说文《阐释学问题的普遍性》（The Universality of the Hermeneutical Problem）与《论阐释反思的范围与功能》（On the Scope and Function of Hermeneutical Reflection，1976）仍然是对伽达默尔思想重要的陈述，尤其对阐释学的社会相关性感兴趣的那些读者们。在《美的相关性》（The Relevance of the Beautiful，1986c）一书中收入的艺术类论说文，也具有一定的独立性，不过正如我所说的，这些论说文如果与《真理与方法》的主题相关联的话，会更加充实。（读者在看我引用《真理与方法》时，应注意我用的是该书第二版的大幅面版本，而不是 Continuum Impacts 出版社发行的小幅面版本，这在页码标记上有微小的差别。）

伽达默尔对他个人生涯的概述，例如《伽达默尔读者》（The Gadamer Reader，2007）一书的开篇论说文，或者在《汉斯－格奥尔格·伽达默尔的哲学》（The Philosophy of Hans-Georg Gadamer，Hahn 1997）一书中出现的《我哲学旅程的反思》（Reflections on My Philosophical Journey），这些文章以一种相对容易理解的方式，探索了伽达默尔的思想渊源。后一本书还收入了理查德·帕尔默（Richard Palmer）第一手的、详尽的参考书目。对传记细节有特别兴趣的读者，还可以读读另外两本书：伽达默尔的《哲学的学徒期》（Philosophical Apprenticeship，1985）、让·格龙丹（Jean Grondin）的《汉斯－格奥尔格·伽达默尔传记》（Hans-Georg Gadamer: A Biography，2003a）。

还有的读者可能希望在更加间接的资料中找到些帮助，这其中有太多的名字可以列举。除了本书，还有其他一些关于伽达默尔思想的简述，例如格龙丹（2003b）和朗（Lawn，2006）写的一些文字。有些是论说文的合集，包括多斯特尔编著的合集（Dostal，2002）和哈恩编著的合集（Hahn，1997），它们力图涵盖一系列伽达默尔思想的主题与兴趣点。有些资料让我们了解到伽达默尔在阐释学历史上、在当代哲学研讨上的地位，例如格龙丹（1997）、米勒－福尔默（Mueller-Vollmer，1998）、奥米斯顿（Ormiston）与施里弗特（Schrift，1990）、帕尔默（1969）以及施密特（Schmidt，2007）。还有一些书，例如利塞尔的（1997）和魏因斯海默（Weinsheimer）的（1985），它们提供了对《真理与方法》进一步的解读。

有些读者想了解建筑背景下的伽达默尔思想，对于他们，最清晰、最彻底的著作要数斯诺德格拉斯与科因的《建筑领域内的解释》（Interpretation in Architecture，2006）。这本书聚焦于设计领域中的个别教育问题，但也涉及较广领域内一系列与解释相关的话题，包括解构主义问题和对非西方建筑诠释的问题。韦塞利的《分离表述年代的建筑》(Architecture in the Age of Divided Representation，2004 ）虽然并没有明确讨论伽达默尔的思想，但却是作者多年来将伽达默尔思想运用于教学的产物，他的教学影响了前面谈及的一大批作者。我希望通过对这些以各种方式吸收了伽达默尔思想的作家的讨论，给读者一个暗示，告诉读者可以如何发展自己对阐释学某个特定主题的兴趣。

参考文献

Aristotle (1999) *Nicomachean Ethics*, trans. by T. Irwin, Indianapolis, IN: Hackett Publishing Co.

Arthos, J. (2009) The *Inner Word in Gadamer's Hermeneutics*, Notre Dame, IN: University of Notre Dame Press.

Augustine(1958) *On Christian Doctrine*, trans. by D. W. Robertson, Jr., New York: Macmillan Publishing Co.

Bacon, F. (1960) *The New Organon*, ed. by F. H. Anderson, New York: Macmillan publishing Co.

Barrie, T. (2010) *The Sacred In-Between: The Mediating Roles of Architecture*, London/New York: Routledge.

Bernstein, R. J. (2008) "The Conversation that Never Happened(Gadamer/Derrida)," *The Review of Metaphysics*, 61:3, 577-603.

Brogan, W. (2008) "Figuring and Disfiguring Socrates: A Gadamerian reflection on the Relationship of Text and Image in Plato's Philosophy," *Philosophy Today*, 52: supplement, 144-50.

Casey, E. S. (1993) *Getting Back into Place: Toward a Renewed Understanding of the Place-World*, Bloomington, IN: indiana University Press.

—— (1997) The Fate of Place: *A Philosophical History*, Berkeley, CA: University of California Press.

Coyne, R. (2011) *Derrida for Architects*, London/New York:

Routledge.

Davey, N. (2008) "Hermeneutical Application: A Dialogical Approach to the Art/Theory Question," *Internationales Jahrbuch für Hermeneutik*, 7: 93-107.

Derrida, J. (1982) "Différance," in *Margins of Philosophy*, Chicago, IL: University of Chicago Press, 3-27.

—— (1989a) "Three Questions to Hans-Georg Gadamer," trans. by D. Michelfelder and R. Palmer, in *Dialogue and Deconstruction: The Gadamer-Derrida Encouter*, ed. by D. P. Michelfelder and R. Palmer, Albany, NY: SUNY Press, 52-54.

—— (1989b) "Interpreting Signatures (Nietzsche/Heidegger): Two Questions," trans. by D. Michelfelder and R. Palmer, in *Dialogue and Deconstruction: The Gadamer-Derrida Encounter*, ed. By D. P. Michelfelder and R. Palmer, Albany, NY: SUNY Press, 58-71.

Descartes, R. (1993) *Discourse on Method and Meditations on First Philosophy*, trans. by D. A. Cress. Indianapolis, IN: Hackett Publishing Co.

Dostal, R., ed. (2002) *The Cambridge Companion to Gadamer*, Cambridge: Cambridge University Press.

Figal, G. (2010) *Objectivity: The Hermeneutical and Philosophy*, trans. by T. D. George, Albany, NY: SUNY Press.

Forester, J. (1993) *Critical Theory, Public Policy, and Planning Practice*, Albany, NY: SUNY Press.

—— (1999) *The Deliberative Practitioner: Encouraging Participatory Planning Process*, Cambridge, MA: MIT Press.

Fulford, R. (1992) "When Jane Jacobs Took on the world," *New York Times*, Feb. 16.

Gadamer, H.-G. (1985—95) *Gresammelte Werke*, 10 vols., Tübingen: J. C. B. Mohr.

—— (1970) "Concerning Empty and Fulfilled Time," *Southern Journal of Philosophy*, 8:4, 341-353.

—— (1972) "The Continuity of History and the Existential Moment," *Philosophy Today* 16:3-4, 230-240.

—— (1976) *Philosophical Hermeneutics*, trans. by D. Linge, Berkeley, CA: University of California Press.

—— (1980) *Dialogue and Dialectic: Eight Hermeneutical Studies of Plato*, trans. by P. C. Smith, New Haven/London: Yale University Press.

—— (1984a) "Articulating Transcendence," in *The Beginning and the Beyond: Papers from the Gadamer and Voegelin Conferences,"* ed. By F. G. Lawrence, Chico, CA: Scholars Press, 1-12.

—— (1984b) "The Hermeneutics of Suspicion," in *Hermeneutics: Questions and Prospects*, ed. By G. Shapiro and A. Sica, Amherst, MA: University of Massachusetts Press, 54-65.

—— (1984c) *Reason in the Age of Science*, trans. by F. G. Lawrence, Cambridge, MA: MIT Pres.

—— (1985) *Philosophical Apprenticeships*, trans. by R. R. Sullivan, Cambridge, MA: MIT Press.

—— (1986a) *Hermeneutik II: Wahrheit und Methode, Gesammelte Werke, Bd. 2*, Tübingen: J. C. B. Mohr.

—— (1986b) *The Idea of the Good in Platonic-Aristotelian Philosophy,* trans. by P. C. Smith, New Haven/London: Yale University Press.

—— (1986c) *The Relevance of the Beautiful and Other Essays*, trans. by N. Walker, ed. By R. Bernasconi, Cambridge: Cambridge University Press.

—— (1986d) "Hans-Georg Gadamer: Storie Parallele," *Domus* 671:17-24.

—— (1988) "On the Circle of Understanding," in *Hermeneutics versus Science? Three German Views,* ed. by J.M. Connolly and T. Keutner, Notre Dame, IN: University of Notre Dame Press, 68-78.

—— (1989) "Text and Interpretation," trans. by D. J. Schmidt and R. Palmer, in *Dialogue and Deconstruction: The Gadamer-Derrida Encounter,* ed. by D. P. Michelfelder and R. Palmer, Albany, NY: SUNY Press, 21-51.

—— (1990a) "Reply to My Critics," in *The Hermeneutic Tradition: From Ast to Ricoeur,* ed. by G. L. Ormiston and A. D. Schrift, Albany, NY: SUNY Press, 273-297.

—— (1990b) *Truth and Method,* Second Revised Edition, trans. revised by J. Weinsheimer and D. G. Marshall, London/New York: Continuum. [Note: this is not the "Continuum Impacts" edition, which has slightly different pagination.]

—— (1992) *Hans-Georg Gadamer on Education, Poetry, and History: Applied Hermeneutics,* trans. by L. Schmidt and M. Reuss, Albany, NY: SUNY Press.

—— (1994) *Heidegger's Ways,* trans. by J. W. Stanley, Albany, NY: SUNY Press.

—— (1997) "Reflections on My Philosophical Journey," in *The Philosophy of Hans-Georg Gadamer,* ed. by L. E. Hahn, Chicago/La Salle, IL: Open Court, 3-63.

—— (1998a) *Praise of Theory,* trans. by C. Dawson, New

Haven/London: Yale University Press.

—— (1998b) *The Beginning of Philosophy,* trans. by R. Coltman, London/New York: Continuum.

—— (2002) *The Beginning of Knowledge*, trans. by R. Coltman, London/New York: Continuum.

—— (2004) *A Century of Philosophy: Hans-Georg Gadamer in Conversation with Riccardo Dottori,* trans. by R. Coltman and S. Koepke, London/New York: Continuum.

—— (2006) "Architektur als 'Zuwachs an Sein': Hans-Georg Gadamer im Gespräch mit Catherine Hürzeler," in *Beyond Metropolis: Eine Auseinandersetzung mit der verstädterten Landschaft,* Zürich: Verlag Niggli.

—— (2007) *The Gadamer Reader: A Bouquet of the Later Writings,* ed. by R. Palmer, Evanston, IL: Northwestern University Press.

Gadamer, H.-G., Dutt, C., and Palmer, R. E. (2001) *Gadamer in Conversation,* trans. by R. Palmer, New Haven/London: Yale University Press.

Goldberg, P. (2009) *Moshe Safdie (Millenium) Vol. I,* Victoria, Australia: Images Publishing Group, Mulgrave.

Grondin, J. (1997) *Introductin to Philosophical Hermeneutics,* trans. by J. Weinsheimer, New Haven/London: Yale University Press.

—— (2003a) *Hans-Georg Gadamer: A Biography,* trans. by J. Weinsheimer, New Haven/London: Yale University Press.

—— (2003b) *The Philosophy of Gadamer,* trans. by K. Plant, Montreal and Kingston: McGill-Queen's University Press.

Habermas, J. (1983) *Philosophical-Political Profiles,* trans. by F.

G. Lawrence, Cambridge, MA: MIT Press.

—— (1988) *On the Logic of the Social Sciences,* trans. by S. W. Nicholsen and J. A. Stark, Cambridge, MA: MIT Press.

—— (1990a) "The Hermeneutic Claim to University," in *The Hermeneutic Tradition: From Ast to Ricoeur,* ed. by G. L. Ormiston and A. D. Schrift, Albany, NY: SUNY Press, 245-272.

—— (1990b) *Moral Consciousness and Communicative Action,* trans. by C. Lenhardt and S. W. Nicholson, Cambridge, MA: MIT Press.

—— (1990c) "A Review of Gadamer's *Truth and Method,"* in *The Hermeneutic Tradition: From Ast to Ricoeur,* ed. by G. L, Ormiston and A. D. Schrift, Albany, NY: SUNY Press, 213-244.

Hahn, L., ed. (1997) *The Philosophy of Hans-Georg Gadamer,* Chicago: Open Court.

Harries, K. (1997) *The Ethical Function of Architecture,* Cambridge, MA: MIT Press.

Heidegger, M. (1971) *Poetry, Language, Thought,* trans, by A. Hofstadter, New York: Harper & Row.

—— (1993a) "On the Essence of Truth" in *Basic Writings,* 2nd ed., ed. by D. F. Krell, New York: Harper & Row, 111-138.

—— (1993b) "Letter on Humanism" in *Basic Writings,* 2nd ed., ed. by D. F. Krell, New York: Harper & Row, 213-265.

—— (1993c) "The End of Philosophy and the Task of Thinking," in *Basic Writings,* 2nd ed., ed. by D. F. Krell, New York: Harper & Row, 427-449.

—— (1999) *Contributions to Philosophy (From Enowning),* trans. by P. Emad and K. Maly, Bloomington, IN: Indiana University Press.

—— (2000) *Introduction to Metaphysics,* trans. by G. Fried and R. Polt, New Haven/London: Yale University Press.

—— (2010) *Being and Time,* trans. by J. Stambaugh, rev. by D. Schmidt, Albany, NY: SUNY Press.

Herzog, J. (2001) "Thinking of Gadamer's Floor," in C. C. Davidson, ed., *Anything*, Cambridge, MA: MIT Press.

Holl, S. (1999) *The Chapel of St. Ignatius*, Princeton, NJ: Princeton Architectural Press.

—— (2009) *Urbanisms: Working with Doubt*, Princeton, NJ: Princeton Architectural Press.

Holl, S., Pallasmaa, J., and Pérez-Gómez, A.(2006) *Questions of Perception: Phenomenology of Architecture,* San Francisco: William Stout Publishers.

Hollinger, R., ed. (1985) *Hermeneutics and praxis,* Notre Dame, IN: University of Notre Dame Press.

How, A. (1995) *The Habermas-Gadamer Debate and the Nature of the Social: Back to Bedrock,* Aldershot: Avebury.

Hubbard, B., Jr. (1995) *A Theory for Practice: Architecture in Three Discourses,* Cambridge, MA: MIT Press.

Huizinga, J. (1950) *Homo Ludens: A Study of the Play-Element in Culture,* Boston: Beacon Press.

Innes, J. E. (1996) "Planning Through Consensus Building: A New View of the Comprehensive Planning Ideal," *Journal of the American Planning Association,* 62:4, 460-472.

Jacobs, J. (1993) *The Death and Life of Great American Cities,* New York: Modern Library.

Jones, L. (2000) *The Hermeneutics of Sacred Architecture: Experience, Interpretation, Comparison,* Cambridge, MA:

Harvard University Press.

Kandinsky, W. (1994) *Complete Writings on Art,* ed. by K. C. Lindsay and P. Vergo, New York: Da Capo Press.

Kant, I. (1952) *The Critique of Judgement*, trans. by J. C. Meredith, Oxford: Oxford University Press.

Kidder, P. W. (1995) "Gadamer and the Platonic Eidos," *Philosophy Today* 39:1, 83-92.

Kierkegaard, S. (1992) *Concluding Unscientific Postscript to* Philosophical Fragments, Vol. I, trans. and ed. by H. V. Hong and E. H. Hong, Princeton, NJ: Princeton University Press.

Kolb, D. (1990) *Postmodern Sophistications: Philosophy, Architecture, and Tradition,* Chicago/London: The University of Chicago Press.

Lammi, W. (2008) *Gadamer and the Question of the Divine,* London/ New York: Continuum.

Lawn, C. (2006) *Gadamer: A Guide for the Perplexed,* London/ New York: Continuum.

Lawrence, F. G. (1984) "Language as Horizon?" in *The Beginning and the Beyond: Papers from the Gadamer and Voegelin Conferences,"* ed. by F. G. Lawrence, Chico, CA: Scholars Press, 13-33.

—— (1990) "Baur's 'Conversation with Hans-Georg Gadamer' and 'Contribution to the Gadamer-Lonergan Discussion': A Reaction," *Method: Journal of Lonergan studies* 8:2, 135-151.

—— (2000) "Ontology of and and as Horizon: Gadamer's Rehabilitation of the Metaphysics of Light," *Revista Portuguesa de Filosofia*, 56:3/4,389-420.

—— (2002) "The Hermeneutic Revolution and the Future of Theology," in A. Wierciński, ed., *Between the Human and the Divine: Philosophical and Theological Hermeneutics,* Toronto: The Hermeneutic Press.

—— (2009) "Lonergan's Retrieval of Thomas Aquinas's Conception of *Imago Dei*: The Trinitarian Analogy of Intelligible Emanations in God," *American Catholic Philosophical Quarterly* 83:3, 363-388.

Le Corbusier (1967) *The Radiant City: Elements of a Doctrine of Urbanism to Be Used as the Basis of Our Machine-Age Civilization,* New York: Orion Press.

—— (1986) *Towards a New Architecture,* trans. by F. Etchells, New York: Dover Publications.

Leatherbarrow, D. (1993) *The Roots of Architectural Invention: Site, Enclosure, Materials,* Cambridge: Cambridge University Press.

—— (2000) *Uncommon Ground: Architecture, Technology, and Topography,* Cambridge, MA: MIT Press.

Macquarrie, J. (1995) *An Existentialist Theology: A Comparison of Heidegger and Bultmann,* New York: Macmillan.

Madison, G. B. (1989) "Gadamer/Derrida: The Hermeneutics of Irony and power," in *Dialogue and Deconstruction: The Gadamer-Derrida Encounter,* ed. by D. P. Michelfelder and R. Palmer, Albany, NY: SUNY Press, 192-198.

Malpas, J., Arnswald, U. Kertscher, J., eds., (2002) *Gadamer's Century: Essays in Honor of Hans-Georg Gadamer*, Cambridge, MA: MIT Press.

Margerum, R. D. (2002) "Collaborative Planning: Building

Consensus and Building a Distinct Model for Practice,"
Journal of Planning Education and Research 21:3, 237-253.

McCarthy, T. (1978) *The Critical Theory of Jürgen Habermas,*
Cambridge, MA: MIT Press.

Michelfelder, D. P. and Palmer, R. E., eds. (1989) *Dialogue and
Deconstruction: The Gadamer-Derrida Encounter,* Albany,
NY : SUNY Press.

Mueller-Vollmer, Kurt, ed. (1998) *The Hermeneutics Reader:
Texts of the German Tradition from the Enlightenment to the
Present,* London/New York: Continuum.

Mugerauer, R. (1994) *Interpretations on Behalf of Place:
Environmental Displacements and Alternative Responses,*
Albany, NY: SUNY Press.

—— (1995) *Interpreting Environments: Tradition,
Deconstruction, Hermeneutics,* Austin: University of Texas
Press.

—— (2008) *Heidegger and Homecoming: The Leitmotif in the
Later Writings,* Toronto: University of Toronto Press.

Nietzsche, F. (2006) *The Nietzsche Reader,* ed. by K. A.
Pearson and D. Large, Oxford/Malden, MA: Blackwell
Publishing.

Norberg-Schulz, C. (1975) *Meaning in Western Architecture,*
New York: Praeger.

—— (1979) *Genius Loci: Towards a Phenomenology of
Architecture,* New York: Rizzoli.

—— (1985) *The Concept of Dwelling: On the Way to Figurative
Architecture,* New York: Electra/Rizzoli.

—— (2000) *Principles of Modern Architecture,* London: Andreas

Papadakis Publisher.

Ormiston, G. L. and Schrift, A. D. (1990) *The Hermeneutic Tradition: From Ast to Ricoeur,* Albany, NY: SUNY Press.

Pallasmaa, J. (2009) *The Thinking Hand: Existential and Embodied Wisdom in Architecture*, Chichester: Wiley.

Palmer, R. (1969) *Hermeneutics: Interpretation Theory in Schleiermacher, Dilthey, Heidegger, and Gadamer,* Evanston, IL: Northwestern University Press.

Pérez-Gómez, A. (1983) *Architecture and the Crisis of Modern Science,* Cambridge, MA: MIT Press.

—— (2008) *Built upon Love: Architectural Longing after Ethics and Aesthetics,* Cambridge, MA: MIT Press.

Pérez-Gómez, A. and Pelletier, L. (1997) *Architectural Representation and the Perspective Hinge,* Cambridge, MA: MIT Press.

Plato (1997) *Complete Works*, ed. by J. M. Cooper, Indianapolis, IN: Hackett Publishing Co.

Rambow, R. and Seifert, J. (2006) "Paint Damage and Whiskering: How Use is Entering into Architectural Discourse," *GAM: Graz Architektur Magazin* 3: 10-29.

Richardson, W. J. (1974) *Heidegger: Through Phenomenology to Thought,* 3rd ed., The Hague: Martinus Nijhoff.

Ricoeur, P. (1981) *Hermeneutics and the Human Sciences,* ed. and trans. by J. B. Thompson, Cambridge: Cambridge University Press.

Rilke, R. M. (1982) " Archaic Torso of Apollo," *The Selected Poetry of Rainer Maria Rilke*, trans. by S. Mitchell, New York: Random House.

Risser, J. (1997) *Hermeneutics and the Voice of the Other: Re-Reading Gadamer's Philosophical Hermeneutics,* Albany, NY: SUNY Press.

—— (2000) "From Concept to Word: The Radicality of Philosophical Hermeneutics," *Continental Philosophy Review* 33:3, 309-325.

—— (2002) "*Phronesis* as Kairological Event," *Epoché* 7:1, 107-119.

—— (2007) "Saying and Hearing the Word: Language and the Experience of Meaning in Gadamer's Hermeneutics," *Journal of Ultimate Reality and Meaning*, 30:2, 146-155.

Rykwert, J. (1996) *The Dancing Column: On Order in Architecture,* Cambridge, MA: MIT Press.

Schleiermacher, F. (1998) *Hermeneutics and Criticism, and Other Writings,* ed. by A. Bowie, Cambridge: Cambridge University Press.

Schmidt, D. J. (1994) "Introduction" to H.-G. Gadamer, *Heidegger's Ways*, Albany, NY: SUNY Press.

—— (2008) "Heidegger, Gadamer, Klee: On Word and Image," *Internationales Jahrbush für Hermeneutik*, 7: 191-209.

Schmidt, L. K. (2007) *Understanding Hermeneutics,* Stocksfield: Acumen Publishing Ltd.

Schön, D. (1983) *The Reflective Practitioner,* New York: Basic Books.

Shapiro, G. and Sica, A., eds., (1984) *Hermeneutics: Questions and Prospects,* Amherst, MA: University of Massachusetts Press, 54-65.

Sharr, A. (2006) *Heidegger's Hut,* Cambridge, MA: MIT Press.

—— (2007) *Heidegger for Architects,* London/New York: Routledge.

Sheehan, T. (1987) *Karl Rahner: The Philosophical Foundations,* Athens, OH: Ohio University Press.

—— (2001) "Geschichtlichkeit/Ereignis/Kehre," *Existentia (Meletai Sophias)* 11:3-4, 241-251.

Silverman, H. J., ed. (1991) *Gadamer and Hermeneutics,* London/New York: Routledge.

Simon, J. (1989) "Good Will to Understand and Will to Power: Remarks on an 'Improbable Debate'," in *Dialogue and Deconstruction: The Gadamer-Derrida Enounter,* ed. by D. P. Michelfelder and R. Palmer, Albany, NY: SUNY Press, 162-175.

Sirowy, B. (2010) *Phenomenological Concepts in Architecture: Towards a User-Oriented Practice,* doctoral thesis, Oslo: Oslo School of Architecture and Design.

Snodgrass, A. and Coyne, R. (2006) *Interpretation in Architecture: Design as a Way of Thinking,* London/New York, Routledge.

Tate, D. (2001) "The Speechless Image: Gadamer and the Claim of Modern Painting," *Philosophy Today* 45:1, 56-68.

—— (2002) "The Remembrance of Art," in A. Wierciński, ed., *Between the Human and the Divine: Philosophical and Theological Hermeneutics,* Toronto: The Hermeneutic Press.

—— (2008) "Transforming *Mimesis*: Gadamer's Retrieval of Aristotle's *Poetics,*" *Epoché* 13:1, 185-208.

Till, J. (2009) *Architecture Depends,* Gambridge, MA: MIT Press.

Vesely, D. (2004) *Architecture in the Age of Divided Representation: The Question of Creativity in the Shadow of Production,*

Cambridge, MA: MIT Press.

Vilhauer, M. (2010) *Gadamer's Ethics of Play: Hermeneutics and the Other*, Plymouth: Lexington Books.

Wachterhauser, B. R., ed. (1986) *Hermeneutics and Modern Philosophy,* Albany, NY: SUNY Press.

Warnke, G. (1987) *Gadamer: Hermeneutics , Tradition, and Reason,* Stanford, CA: Stanford University Press.

—— (2011) "The Hermeneutic Circle versus Dialogue," *The Review of Metaphysics,* 65:2, 91-112.

Weisheimer, J. C. (1985) *Gadamer's Hermeneutics: A Reading of* Truth and Method, New Haven/London: Yale University Press.

Wierciński, A., ed. (2002a) *Between the Human and the Divine: Philosophical and Theological Hermeneutics,* Toronto: The Hermeneutic Press.

—— (2002b) "The Hermeneutic Retrieval of a Theological Insight: *Verbum Interius,"* in A. Wierciński, ed., *Between the Human and the Divine: Philosophical and Theological Hermeneutics,* Toronto: The Hermeneutic Press.

Wigley, M. (1995) *The Architecture of Deconstruction: Derrida's Haunt,* Cambridge, MA: MIT Press.

索引

本索引列出页码均为原英文版页码。为方便读者检索，已将英文版页码作为边码附在中文版相应句段左右两侧。

给建筑师的思想家读本

Thinkers for Architects

　　为寻找设计灵感或寻找引导实践的批判性框架，建筑师经常跨学科反思哲学思潮及理论。本套丛书将为进行建筑主题写作并以此提升设计洞察力的重要学者提供快速且清晰的引导。

建筑师解读德勒兹与瓜塔里

[英] 安德鲁·巴兰坦 著

建筑师解读海德格尔

[英] 亚当·沙尔 著

建筑师解读伊里加雷

[英] 佩格·罗斯 著

建筑师解读巴巴

[英] 费利佩·埃尔南德斯 著

建筑师解读梅洛-庞蒂

[英] 乔纳森·黑尔 著

建筑师解读布迪厄

[英] 海伦娜·韦伯斯特 著

建筑师解读本雅明

[美] 布赖恩·埃利奥特 著

建筑师解读伽达默尔

[美] 保罗·基德尔

建筑师解读古德曼

[西] 雷梅·卡德维拉－韦宁

建筑师解读德里达

[英] 理查德·科因